日本が食われる

いま、日本と中国の「食」で起こっていること

松岡久蔵

彩図社

はじめに

「あれ？　日本製のテレビがない」――。

5年ほど前、私がインドネシアやタイといった東南アジア諸国を旅行していた際、はたと気づいた。飲食店だろうが、接待で使うカラオケ店だろうが、ほとんどが韓国のＬＧやサムスンのテレビが使われているのである。

東南アジア諸国には親日国が多いとされ、実際に漫画やアニメなどの影響で日本に対して好意的な人は多い。その東南アジアで最も身近な家電の一つであるテレビが、日本以外の国の製品になっているという事実に「思っている以上に、海外では日本製の地位が低くなっているのだな」という感慨にふけったのを思い出す。

日本はものづくりの国として、のし上がった。トヨタによるカイゼンをはじめ、几帳面すぎるほどの品質に対するこだわり、いいものを作ろうとする技術者の情熱。私は帰国して改めてこのすごさに敬意を表するようになった。

実際に中国でも韓国でもＡＳＥＡＮ（東南アジア諸国連合）諸国でも日本の多分野にわたる技術支援が経済成長を支えたことは疑いようのない事実だ。

ただ、フロントランナーの宿命として、マネされるし盗まれる。技術者が引き抜かれたり、必ずしも日本の側としては気持ちのいいようなやり方で技術やノウハウが外国に伝わらないケースも多い。日本もかつてはアメリカなどに同じようなやり方をして技術を吸収してきたから、「食い者にする側」から「食い物にされる側」になったということだ。

私は日本に帰国してからフリーライターとして活動を始め、農林水産分野をテーマにするようになって、電化製品だけでなく食べ物でも同じようなことが起きていると実感している。

その代表は和牛だ。

和牛は近年の中国や韓国、ＡＳＥＡＮからのインバウンド観光客の増加などにともなう日本食の普及などを背景に、人気が急速に高まっている。

人気があるということは、儲かるということ。当然、和牛を自分の国で育てて売りたいという人も出てくる。

本文で詳しく述べるが、実際に受精卵や精液の流出未遂事件も2018年に起き、大阪府警が実行グループを逮捕する事態にまで発展している。

和牛は「日本を代表する遺伝資源を守る」という畜産業界のモラルによって流出を防いできた。ただ、高齢化による後継者不足など業界全体が厳しさを増す中で、モラル頼みでは対処できないケースも出てくるのは避けられない。

また、仮に流出が防げないとして、育て方で差をつけるという風に考えることはできないのであろうか？　フォアグラやワインなど他の高級品がそうであるように。

さらに、そもそも、畜産物で「純粋な遺伝資源」というのは存在するのだろうか。


本書では和牛以外にもイチゴの遺伝資源の流出も取り扱うが、日本以外で評価されている「日本産」となったナマコや、国際的地位の低下で水産物をかつてのように自由に獲れなくなった現状についても報告する。

さらに、2020年の年明けから世界中を騒がせている新型コロナウイルスのように、グローバル化が進めば日本にも疫病の侵入という形で悪影響が出る。その家畜版が豚熱だ。最後に、食べ物にまつわるナショナリズムをあおるメディアについても論じたい。

このような疑問に、自民党議員、農林水産省、全国の畜産農家、全国農業協同組合中央会（JA全中）など各分野の関係者への取材を通して迫りたいと思う。

松岡久蔵

日本が食われる —いま、日本と中国の「食」で起こっていること—

もくじ

第2章 イチゴとブドウ

遺伝子流出と新品種開発

第3章　ニシキゴイとナマコ

海外で価値を見出された「日本産」

第4章 サンマとウナギ 日本の国際競争力の低下

第5章　マグロとクジラ　環境保護団体の圧力

第6章 豚熱をめぐる混乱

第7章 メディアの取り上げ方

第1章

和牛

遺伝資源の違法流出

和牛精液の中国への流出未遂事件は、和牛周辺の複雑な事情を浮き彫りにした。海外では和牛ブームが起こっており、政府は海外輸出品目の筆頭として期待を寄せているが、ことはそう単純ではない。

和牛精液の中国流出未遂事件

全ては、2018年11月26日の日本農業新聞の特ダネ記事から始まった。

和牛精液あわや国外へ　出国検査甘さ露呈　申告制、告発わずか

貴重な資源流出は打撃

輸出禁止の和牛精液が日本国外へ不正に持ち出されていたことが、農水省への取材で分かった。中国入国時に見つかり中国国内への流出は水際で止められたが、日本の検査はすり抜けており、検査体制の甘さが浮き彫りになった。畜産関係団体は「和牛精液が流出し、他国で生産が広がれば和牛の輸出先を失う。畜産農家は大打撃だ」と危惧する。

ストロー数百本、中国入国時に発覚。「違法行為、知らなかった」

持ち出したのは、自称大阪府在住の男性。今年、冷凍した和牛精液の入ったストロー数百本を、液体窒素を充填（じゅうてん）した保存容器「ドライシッパー」に入れて国外に運んだ。農水省動物検疫所の聞き取りでは「知人に頼まれた。違法なものとは知らなかった」と話したという。

日本から動物やその一部を他国へ持ち出す場合、家畜伝染病予防法では家畜防疫官の検査を受けるよう定めている。ただ、持ち出す人が申し出なければ、同所は把握できず「今の仕組みだと、悪意があれば容易に持ち出せる」（危機管理課）と実態を明かす。

航空会社の手荷物検査でも発見は難しい。「ドライシッパー」を開けるには知識が必要な上、取り出した内容物は温度が急上昇して劣化することもある。持ち出し禁止でない医療用の試薬などを運ぶことも多いため、国交省航空局も「どの航空会社も、通常は中身まで確認しない」（運航安全課）。X線には通すが、中身は判別できないという。

畜産業界からは心配する声が上がる。法規制の前にオーストラリアに遺伝資源が流出したことにより、オーストラリア産「WAGYU」が日本の和牛と競合し、輸出に影響が出ているためだ。日本畜産物輸出促進協議会は「国も牛肉輸出には力を入れている。遺伝資源の流出は大きな問題だと受け止めてほしい」と訴える。

違反者への対応にも疑問の声が上がる。同法は違反すると、懲役刑が付くこともあるが、罪に問うには動物検疫所の刑事告発が必要。今回、同所は厳重注意だけでこの男性を解放した。同所は「初犯で悪質ではないと判断した」（危機管理課）と説明。手続きに時間がかかるため、刑事告発することは「年に数回もない」という。

「氷山の一角」

中国で肥育農家の技術指導を手掛けるなど、現地の事情に詳しい松本大策獣医師は「和牛精液を欲しがる業者はいくらでもいる」と警鐘を鳴らす。既に精液が持ち込まれたとの情報も耳にしたことがあるとし、「今回のケースは氷山の一角ではないか」と指摘する。

和牛ってあの焼き肉の？　ん、精液の密輸？　麻薬とか金塊とかではなくて？　和牛の精液とかカネになるの？　しかも、小さ目のドラム缶みたいな怪しい容器なのに税関を通り抜けて中国に持ち出されてるし。

疑問と興味を次々とそそるこの事件に、全国紙やテレビ、ネットメディアも一斉に後追いした。和牛には、日本を意味する「和」という文字が名前に入っているからなのか、「自分たちの大事なものが盗まれている」という国民感情に訴えるらしく、一躍、「和牛の流出」は大きなトピックとなった。

和牛の精液は、２０００年以降、国外への持ち出しは原則禁止されている。家畜伝染病予防法というのが根拠法なのだけれど、とりあえず、詳しい説明は後にして、事件そのものに迫りたいと思う。

家畜伝染病予防法を所管する農林水産省は、事態を重く見て、大阪府警に２０１９年１月29日に同法違反の容疑で「大阪在住の男」を刑事告発した。和牛の持ち出しによる同法の刑事告発は初めてだ。

その後、府警が捜査を進め、３月９日に容疑者２人を逮捕する。当時の報道を見てみよう。

和牛受精卵持ち出し、2人逮捕＝中国へ違法輸出画策か――大阪府警

輸出が認められていない和牛の受精卵と精液が中国に持ち出された事件で、大阪府警生活環境課は9日、家畜伝染病予防法違反などの疑いで、飲食店経営の前田裕介容疑者（51）＝同府藤井寺市＝と、知人で運搬役を務めた小倉利紀容疑者（64）＝大阪市住吉区＝を逮捕した。2人は容疑を認めているという。

受精卵などは徳島県内の畜産農家が売却し、入手した中国人の男が知人の前田容疑者に中国まで運ぶよう依頼したとみられる。府警は世界で高まる和牛人気を背景に、中国に遺伝子情報を転売しようとしたとみて、全容解明を進める。

逮捕容疑は、共謀して昨年6月下旬、ストロー数百本分の凍結した和牛の受精卵や精液を金属製容器に入れ、検疫など必要な手続きを受けずに大阪市内に停泊するフェリーに持ち込み、中国・上海に持ち出した疑い。

中国の税関が発見して、持ち込みを拒否。帰国後に申告して発覚した。受精卵などを提供した畜産農家の男性は「訪ねてきた面識のない日本人に数百万円で売却した」と説明。

そこから中国人の男に渡り、同6月ごろ、前田容疑者に運搬話が持ち込まれたという。府警は受精卵を入手した人物や、依頼者の中国人などの背後関係を調べる。

和牛の遺伝子情報のニーズは高いが、知的財産として保護する法律はない。国は関係法令の運用で海外流出を防いでいる状況だ。

今回のケースでは、農林水産省が今年1月、検疫を受けていないとして、家畜伝染病予防法違反容疑で大阪府警に告発していた。同法違反は3年以下の懲役または１００万円以下の罰金。（時事通信）

他のメディアの報道などによると、前田容疑者は大阪府八尾市にある焼肉店の経営者。中国にも系列店があるといい、牛肉の輸出も手がけていた。小倉容疑者は運搬役で、前田容疑者の中国の店などに日本の食材や調味料を届ける仕事をしていた。

前田容疑者は、家畜伝染病予防法違反容疑で3月20日に新たに逮捕された徳島県吉野川市の畜産業・松平哲幸容疑者（当時70）から受精卵や精液を購入した。

小倉容疑者は金属製容器に入れ、布製バッグに隠して手荷物としてフェリーに持ち込んだが、上海の税関で持ち出しに必要な検疫証明書がなくて止められたという。

松平容疑者は牧場を営むとともに、受精卵などの採取や販売が許可される「家畜人工授精所」を経営し、全国の畜産農家に販売していた。府警の調べに対し、数百万円で今回分は売却したと供述しているという。

逮捕時には前田、小倉両容疑者は府警や報道陣の取材に対し、「中身は知っていたが、違法だとは思わなかった」などと話し、依頼主の中国人についてもあいまいな説明をしていた。松平容疑者も「中国に持ち出されていたなんて知らなかった」と答えているが、府警が捜査を進めた結果、中国・海南島にある牧場経営者から直接注文を受け、前田容疑者らを使って複数回にわたり現地に密輸出したことが分かっている。松平容疑者が知人を介して前田容疑者の店に届けさせたり、直接大阪の南港に受精卵や精液を届けたこともあったという。

見つかってもおとがめはほとんどなし

複数回にわたって国外に持ち出されるということは、はっきりいって水際対策がザルだった

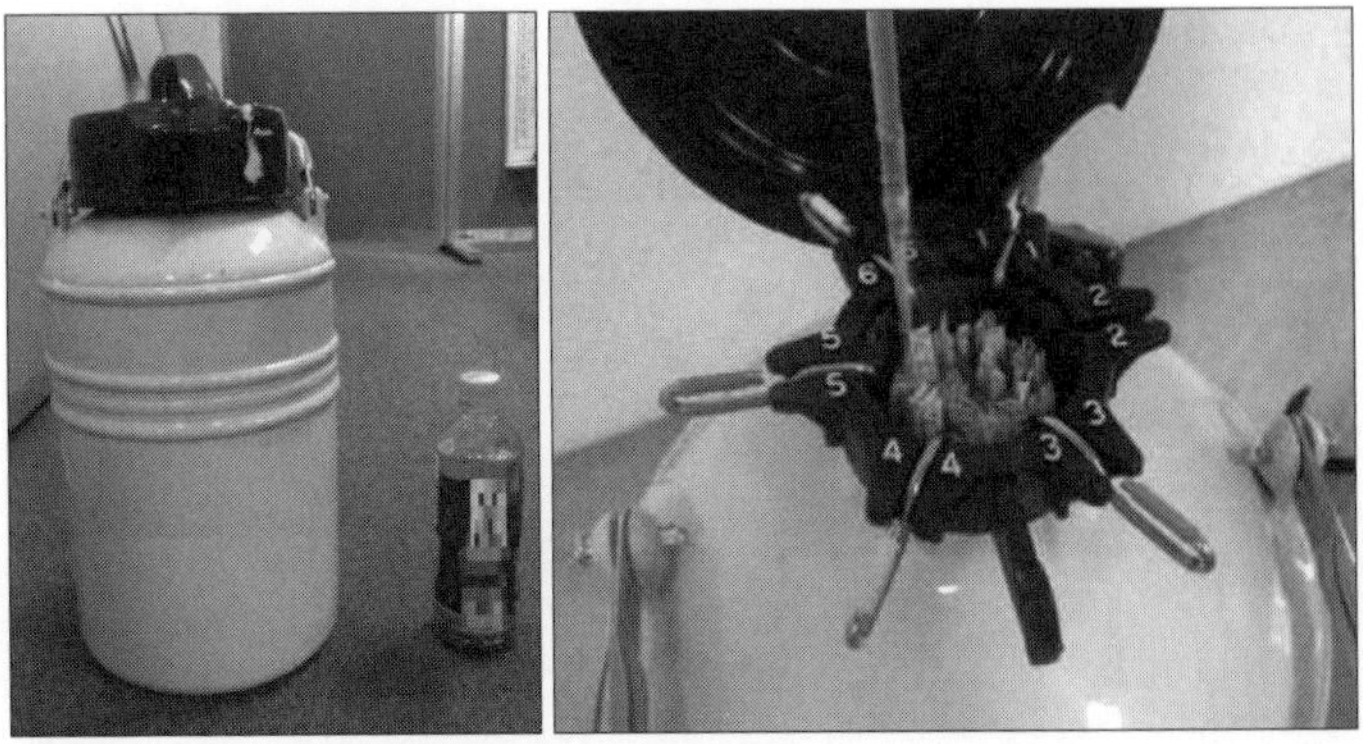

ドライシッパー（農林水産省の資料（https://www.maff.go.jp/aqs/attach/pdf/index-32.pdf）より引用）

こと以外の何者でもない。

小倉容疑者はチェックの甘いフェリーを利用して中国の上海に持ち出していたという。なぜ防げなかったのだろうか。

まず、和牛の受精卵と精液の運搬に使われる金属製容器は「ドライシッパー」と呼ばれる。液体窒素を充填させたもので、動物検疫所の公表資料によると、今回没収されたものの高さは５００ミリペットボトル３本分くらいで、大きさは小型のドラム缶程度のものだ。

上の黒色の部分に凍結した受精卵と精液が入ったストロー状の容器が数百本入っていて、その下の空洞に液体窒素を充填させる。いったん液体窒素を入れてから一度もフタをあけなければ、２ヵ月程度は持つという。

一見して怪しいこの容器だが、水際での検査をすり抜けてしまうには理由があるという。

前出の農水省関係者はこう話す。

「今回の流出は、確かに検疫体制の甘さと言ってしまえばそれまでですが、船だとこういう怪しくて大きい荷物も通ってしまうのが現実でした。

飛行機は一度カウンターで検査員に見せなくてはならないし、そこで調べられるのでまずアウト。それに比べて、船便のチェックは厳しくありませんし、大きなコンテナなんかの中に一度入ってしまえば気づくのはなかなか難しい。

中国の税関も今回はたまたま気づきましたが、それも習近平政権が最近、ワイロなどの不正撲滅に取り組んでいたためで、普段は向こうもザルなんですよ。

そもそも、日本側の港の係員の取締り体制が弱いことも密輸を許してしまう原因となっていました。家畜伝染病予防法に基づく検査業務は、係員が国際線の荷物検査のところで、怪しいと思った荷物の持ち主に『これは何ですか』と聞き取りをして中身を確認して、違法な持ち込みならそれを放棄してもらうという流れです。

一応、家畜伝染病予防法は罰則として100万円以下の罰金または3年以下の懲役を定めていますが、見つかった時点でその荷物を捨てれば基本的におとがめなしです。よほどの累犯や悪質性がない限り、立件されることはまずありません。

実際、係員の調査もあくまで任意の聞き取り調査にすぎませんから、パスポートの確認などの身分確認も荷物の持ち主が応じない限りできません。甘いと思われるかもしれませんが、麻薬や銃器のように明らかに犯罪性が高いわけではないので、強制捜査権がないのです。

今回はなぜ個人が特定されたのかというと、中国でひっかかった『いわくつき』の案件なことに加え、持ち出し容器の中身も改めて調べてみたら怪しかったから、なんとか税関や動物検疫所が個人情報を聞き出した。一度は日本を素通りしちゃったわけですから、面子を守るためにも必死だったというわけです」

見つかっても捨てさえすれば、ほぼおとがめなしということであれば、犯罪者としてはリスクを冒す価値があるというもの。

実際にはいくらくらいで取引されるのであろうか。全国紙社会部記者はこう説明する。

「和牛の受精卵や精液が中国に持ち出された場合、大体10倍の値段がつくとされます。例えば、真ん中くらいのレベルの和牛の場合、一度に授精させると大体7万くらい。失敗分を考えて2

回分を試すので、日本国内なら一度に15万円以下を支払うのがスタンダードですね。それの10倍ですから、もし受精卵を持ち出せれば2回分で150万円が入る計算になります。

今回は数百個持ち出したわけですから、うまくいけば億単位のカネが手に入る。懲役刑はほぼありえませんから、最高100万円払えば、億単位が入ってくる可能性があるわけで、犯罪者が狙わない理由はどこにもありません。

実は、今回のようなケースは以前から畜産農家の間で危惧されていました。農家によっては、中国や韓国、シンガポールなどアジアのブローカーから「和牛の受精卵を売って欲しい」と電話や直接の訪問で依頼されていたケースもあるようでした。今回の事案が発覚したことで畜産関係者の間ではやっぱりなと落胆した人は数知れません。

普段からワイロ国家とかいって馬鹿にしている中国の税関で止められたわけですから、皮肉としか言いようがありませんけどね。まあ、LCC全盛の今時、わざわざフェリーで中国に行く人なんて、ワケアリの怪しい人間しかいませんから、もっと取締り体制を強化しておくべきだったと悔やまれます」

管理体制の見直しがされるも……

この流出未遂事件を受けて、自民党からも家畜伝染病予防法の厳罰化や国内での管理体制の見直しを迫る声が高まった。

２０１９年1月に開かれた検討会では、受精卵や精液の流通管理について話し合われた。和牛の受精卵や精液は、県などの自治体や民間の家畜人工授精所という施設で管理されていて、獣医師か家畜人工授精師しか授精はできないよう規制されている。今回の流出未遂事件をめぐり、この管理体制のどこに穴があったかを見直す目的だ。

この検討会には、和牛の主産地である宮崎と鹿児島の家畜人工授精師協会会長が出席し、両県での管理体制と今後の不正流出防止に向けて、とるべき方針について意見交換がなされた。

宮崎県家畜人工授精師協会の東孔明会長は、県が保有する種雄牛の精液の授精情報などを共有するシステムを使うことで、動向を管理・把握している現状を説明した。一方で、県外から精液を買って受精している農家があることや、授精師協会外の農家が受精卵や精液の保有する実態を把握するのには限界があると指摘した。

鹿児島県家畜人工授精師会連合会の上岡隆一郎副会長は、今回の事件で徳島県の農家が在庫していた受精卵と精液が売られたことを受けて、使用見込みのないものを処分するよう提案した。管理体制についても、協会に入っているかどうかに関わらず、授精作業を行う関係者全てを対象にする仕組みにすることが必要だと訴えた。

今回の検討会の結果を受けて、宮崎県のある畜産農家はこう話す。

「宮崎の県有牛の管理については、絶対に県外に出さないような体制ができているので、『鎖国している』と揶揄されるほどです。

ここまで厳格に管理するようになったのは、1991年に全国的に評価の高かった、宮崎県選出の有力議員である故江藤隆美《たかみ》元建設相の名前からとった「隆美」という種牛の偽造精液証明書が発覚したためです。県有牛の信頼回復のために、徹底的に管理を強化しようという流れになりました。

ただ、実際問題、ブランド和牛を持っていて県内で自己完結できる宮崎県のような自治体はいいですが、そうでない自治体はどうしても県外から受精卵や精液を買うことになるので、全ての動きを把握することは不可能です。システムを増強するのも、費用がかかりすぎる上に、現状ですら人手不足の人工授精所に更なる負担をかけるのは、現実的ではないと思います。それに、今回の流出未遂が発覚したことで大騒ぎになりましたが、現状は全国の畜産農家のモラルが高いため、この程度で済んでいると考えるべきだと思います。ただ、今回の徳島の農家もお金に困って犯行に及んだということですから、高齢化が進むと、こういう事例は増えてくると考えるのが現実的です。

個人的には、水際対策をしっかりと固めて、そこから逆算して犯行グループを追い詰めるという出口からのやり方の方がいいのではないかと思います」

農水省も水際対策の決め手を欠いている。畜産関係に詳しい農水省関係者がこう明かす。

「実は、今回よりも前に、２００６年に同じ趣旨で検討会が開かれたことがありました。その時も、結局のところ、現在の制度でしかやりようがないという結論に落ち着きました。受精卵と精液を売買するときに証明書をつける仕組みにするというやり方ですね。

制度としてはそれ以上やりようがなくて、悪意のある人が不正に流用したり盗みに入ったりするのはどうしようもないという。

普通、こういう検討会は落としどころを予算込みで決めた上で始めるのが通例ですが、今回も実は落としどころが決められておらず、騒ぎが出たからとりあえず形だけ開いたという部分が大きいです」

農水省が家畜人工授精所を調査したところ、実際に授精業務をしているのは全1634ヵ所のうちの約7割で、残り3割が休業か廃業していることが明らかになっている。

現地調査では、受精卵や精液の販売先は地域の農家などである一方、畜産関係者以外からも販売を依頼されたケースがあることも分かっている。

同省は2019年3月29日付けで都道府県に通知を出し、稼働状況を毎年報告することや、稼働していない授精所には開設許可を取り消すことを自治体に求めた。

政府は検討会や調査などの結果を踏まえ、2020年4月17日の参院本会議で「家畜遺伝資源不正競争防止法」と「改正家畜改良増殖法」を成立させた。同年秋にも施工される予定だ。

家畜遺伝資源不正競争防止法は、契約違反の輸出などを生産者側が裁判所に差し止め請求できるよう定めている。不正に生産した子牛や、その子牛から生産した孫牛も対象になり、受精卵などを購入するときには通常、国内や特定地域に利用を限定する契約を結ぶよう求める。

詐欺や窃盗など悪質性の高いやり方で和牛の遺伝資源を取得した場合、個人は最高で10年の懲役、１０００万円の罰金を科す。法人の場合は最高で3億円の罰金を科すことが決まった。個人に限れば罰金額は従来の１００万円の10倍となり、大幅な厳罰化だ。改正家畜改良増殖法では、和牛の精液などについて、譲渡記録を関係者に義務付けるなど流通ルールを厳格化した。

和牛流出はすでに起きていた？

日本政府が必死で和牛の流出を食い止めようとする背景には、過去に「海外流出」していた歴史がある。１９９０年代にアメリカを経由してオーストラリアに渡った例だ。

当時は、アメリカに対して和牛の成体などを輸出できたことが理由だが、豪州ではすでに現地産の和牛が「ＷＡＧＹＵ」としてのブランドを確立している。

豪州は日本で2001年にBSE（牛海綿状脳症）が発生した際に和牛の輸入を禁止した。そこからWAGYUが普及した。18年5月には日豪両政府の合意のもと輸出を再開したが、オーストラリアの大規模な牧場で飼育されたWAGYUは日本の和牛よりも価格がはるかに安く、主にインドネシアなど東南アジアにも輸出され人気を博している。「WAGYUといえばオーストラリア産」という現状があるのだ。

WAGYUの肉はピンク色の和牛に比べ赤黒く、脂肪交雑（サシ）の具合も和牛ほどきめ細かではない赤身肉だ。和牛がトウモロコシなどが飼料として与えられ、1つ1つ区切られた牛舎で丁寧に育てられるのとは違い、WAGYUは小麦や大麦などの飼料で主に放牧で育てられる。また品種の認定の形態も大きく異なる。和牛は全国和牛登録協会が認定するもので、両親とも和牛認定を受けていなければならない。これに対し、オーストラリアでは両親のどちらかがWAGYUであると同国内で認定されたものであれば、「WAGYU」と名乗れるようになっており、ブランド認定のハードルが低くなっている。この違いも、WAGYUの流通量を拡大させた要因となっている。

向け先は主に米国内の高級レストランだ。豪州のWAGYUは純粋種約3万6000頭、交雑種約40万頭の計約43万6000頭で、主に韓国や中国（香港、マカオ）などアジア向けで国内消費はわずかだ。どちらの国のＷＡＧＹＵも、遺伝資源の改良が進んでいないため、日本国内の和牛と比べれば、肉質（脂肪交雑等）や肉量面で劣るという。

オーストラリアの「WAGYU」（©Cgoodwin）

日本は和牛の輸出目標を２０２０年までに年４０００トン、２５０億円に設定しており、豪州への輸出拡大が欠かせない。ただ、現地では赤身のステーキがメインで、霜降りが売りの和牛は苦戦を強いられている。さらに、和牛は輸送費などを加えると平均価格で１キログラムあたり２万円以上するが、ＷＡＧＹＵはその３分の１程度と価格面でも遅れをとっている。

現地に商流を持つ食肉卸は「赤身の肉の旨みとは違った、サシの甘みが勝負。一度食べてもらえるとおいしいことが分かってもらえるとは思うが、やはり価格差があるので、たまに食べる高級料理という以上にはなりにくいのではないか」と指摘する。

肉牛品種登録協会のオーストラリアＷａｇｙｕ協会による

と、年間2万5600〜2万8800トン（枝肉重量ベース）のWAGYUが輸出されていると推計され、これは日本の2017年の牛肉全体の輸出量の2707トンの約10倍の規模を誇る。

前述の輸出目標は18年で大体目標を達成したことになるが、より輸出量を伸ばすためには、主要な輸出先の香港や米国以外にもインドネシアなど東南アジアへ進出しなければならず、WAGYUの市場に切り込む必要がある。

ただ、輸送費などがかさむため、和牛は1キログラムあたり400米ドルすることもあり、海外では「おいしいけれど高すぎる」との声も聞かれる。有力な売り込み先となる日本食レストランでさえ、メニューに「Japanese Wagyu」と書き、わざわざWAGYUとの違いを強調しなければならないのが悲しい実情だ。

もし中国に流出したらどうなる？

さて、過去の流出事例について述べたところで、話を中国への流出未遂事件に戻したい。

仮に密輸が成功して、現在の和牛の受精卵と精液が中国に流出した場合、関係者によると、ＷＡＧＹＵとは比べようもないほど被害は大きなものになるという。

「今の豪州のＷＡＧＹＵは、本格的にサシのうまさを研究し始める前のもので、今の和牛とはレベルが全く違うものなのです。その開発された「和牛」が中国に流れたら、長年の努力が水の泡になる。損失は圧倒的に大きい」

しかし、和牛の育て方は世界でも特殊ということはすでに説明した。受精卵や精液だけを現地に持ち込んでも、同じレベルのものが育つとは思えない。これについて畜産業界に詳しい自民党議員はこう説明する。

「和牛も動物ですから、できの良い子供ばかりが必ずしも生まれるとは限らない。ただ、人間に例えると大リーガーの子供は自分自身が大リーガーにはなれないとしても、体格や運動神経はたいていの場合、一般の親の子供よりも優れているというのは経験則として納得していただけると思います。数を生めばいい種類はそれなりに生まれる確率も上がりますしね。

飼育技術についても、昔、メーカーで日本から韓国への技術者の引き抜きが問題となったことがありましたけど、現に中国へも引き抜かれている例もあるように聞いています。まあ、環境が全く違うし、日本人の真面目さあっての和牛ですから、完全にはマネできないでしょうけどね。

ただ、10段階でいえば、7くらいのレベルでも十分脅威ですよ。なんせサシのうまさがありますからね。それに本物の和牛が高すぎて食べられない層にもアプローチできる。そこまでグルメな人ばかりではないですからね。

まして、中国は規制を好きにいじれたり、やろうと思えば資本投入も無制限にやりますから。結局、日本としてはアリの一穴になるおそれがある以上はやれるだけのことはやるしかない」

実際、今回の流出先とされる牧場ではすでに和牛が飼育されているとされ、事態は深刻なものとなっている。

「和牛」とは何か

和牛の流出未遂事件をめぐる経緯を振り返ったところで、そもそも、和牛って何なのだろうか？　国産牛とは違うの？　また、どういう育て方をするのだろうか？

少し新聞報道などで調べてみる。

和牛　明治以後、日本の在来種と外来種を交配して改良した牛。黒毛和種、褐毛（あかげ）和種、無角和種、日本短角種の４品種とそれらの交雑牛だけを指し、国産牛と区別している。国内で飼育される約１７０万頭の大半を黒毛和種が占める。

赤身にきめ細かく脂が入り込む「霜降り」が特徴で、「松阪牛」「神戸牛」など地名でブランド化を図る自治体が多く、海外でも人気が高い。政府は輸出拡大をにらみ生産量を２０３５年度までに現在の倍に当たる３０万トンに増やす目標を掲げている。（時事通信）

記事を補足すると、国産牛は日本で育てられた期間が3ヵ月を超えるもの、または日本で育てられた期間が最も長くなる牛のことを指す。育てられた場所と期間のみで決まるので、牛の品種などは関係がない。仮に海外種のホルスタインでも日本で育てられた期間が長ければ「国産牛」となるというわけだ。

一方、和牛は全国和牛登録協会が「和牛と認めた牛」を意味する。認定の仕方はシンプルで、協会が両親とも「和牛」と認めたものの子牛であればいい。親に血統書があるから間違いないという理屈だ。

和牛の大半を占める黒毛種は、霜降りの状態や肉質が大変よく、牛肉としては最高峰とも言われている。よく言われるとろける味というアレだ。

和牛は、一頭一頭区切られた牛舎で育てられる。放し飼いではなく、飼料を食べさせてしっかり育てる。霜降りは要するに脂肪なので、あえて動かさないでいい食べ物を与えて太らせようということだ。

牛は生まれてから2年以上育てられた後に出荷される。豚は6ヵ月以上、鶏は2ヵ月以上であることに比べると、相当長い。実は牛肉が肉の中でも高いのは、一番長い期間育てなければならないので、エサ代がかかるからなのだ。鶏肉の4倍、豚肉の3倍はかかると言われる。テレビなどでよく見るこういう飼育方法は、実は日本独特のものだ。アメリカやオーストラリアなどでは、放し飼いにする。日本の農家は一頭一頭にエサを与えなければいけないので、手間はよりかかるということになる。

牛の肉質はエサや水によっても大きく変わる。ビールを飲ませたり、地域ごとに独自の工夫を施している。神戸牛が一番有名だが、畜産農家によっては全く視察を受け入れないところもある。それだけ、育て方にしのぎを削っているということだ。

ちなみに、神戸牛や宮崎牛などの認定は、各地の農家などからなる協議会が行うので、和牛登録協会とは関係ない。

最近、神戸牛でインバウンド観光客が増えたのをいいことに、あまりに安い「神戸牛」を出す店が増えているということで、昔から神戸牛を出してきた店からクレームもつき始めているという。

海外で広がる和牛ブーム

和牛は近年の日本食ブームの中で、海外でも知名度を高めてきた。２００７年に設置された日本食レストランの海外進出支援などを目的とする、特定非営利活動法人日本食レストラン海外普及推進機構によると、海外の日本食レストランは06年の約２万４０００店から、19年には約15万６０００店と約６・５倍に増加している。

中国や東南アジア諸国連合（ＡＳＥＡＮ）などの経済発展が著しく、中間層の増加で所得に余裕のある層がインバウンドなどで日本を訪れ、自分の国に帰ってからも日本食を食べたいというニーズが高まっていることが背景にある。

その中で、和牛は人気メニューとして頭角を現してきた。政府は２０２０年までに農林水産物・食品の輸出額を年間１兆円にまで引き上げる目標を掲げているが、和牛はその主力商品だ。18年の輸出額は前年比12・４％増の９０６８億円となり６年連続で過去最高を更新した。そのうち、和牛を含む牛肉は２４７億円と前年の約１・３倍となった。

和牛は霜降りが特徴ですき焼きなどにして食べるが、世界的には赤身をステーキとして食べるのが一般的だ。政府は和牛の輸出を増やすため、日本食レストランなどですき焼きの食べ方から普及させる戦略をとっている。

和牛の裏ルートの存在

２０２０年から中国への牛肉輸出が一部解禁されるまで、和牛の中国輸出の最大の障壁は政府の輸入規制だった。

２００１年の日本国内でのＢＳＥの発生で中国政府は日本からの牛肉の輸入を禁止していた。上海などの大都市では富裕層も含めて数千万人の人口がおり、仮に輸出が解禁されれば、消費量は爆発的に増加することが期待できたが、輸入規制によりこの巨大市場には参入できなかった。一方、日本を訪れた中国人観光客が自国でも和牛を食べたいというニーズはあった。そこで「裏ルート」が暗躍したというわけだ。

中国への牛肉輸出が解禁されたことで次第に正規のルートに駆逐されていくとみられるが、

興味深いのでご紹介したい。

まず、統計から「裏ルート」の存在を追っていきたい。

財務省貿易統計によると、中国の経済成長が著しくなった2008年からベトナムの、和牛を含む日本産牛肉の輸入量が急増し、当時トップだった香港を抜き1位になった。その後も2010年4月に宮崎県で口蹄疫が発生するまでは、和牛輸出先2位を走り続けた。ただ、その後、ベトナムが輸入を禁止すると、今度はカンボジアが2011年に突如香港を抜き、トップに急浮上。12年以降は2位を守ってきた。

和牛は欧米のレストランで、100グラムあたり6000円以上の高値で提供されている。どれだけ近年のカンボジアの経済発展が著しいとはいえ、国民一人あたりのGDPは約1500ドルと米国の40分の1程度で、平均月収は都市部で約3万円とされる。先進国でも高級品とされる和牛を、米国以上に輸入し消費していると考えるのは明らかに不自然だ。

カンボジアが大口の輸出先となる前は、ベトナムが同様に経由地とされていたものとみられる。東南アジアで展開する食肉の専門商社筋は、「ベトナム、カンボジアともに、米国以上に和牛を消費するほど所得水準が高いなんてありえません。どう考えても、中国が経由地として使っているとしか思えない。

ベトナムが、２０１０年の宮崎県での口蹄疫発生で日本産牛肉の輸入を禁止したので、カンボジアに入れ替わった。ベトナムは２０１４年に輸入を解禁したのですが、輸入量は20～30トン台。経済発展の勢いに反して、かつてとは比べものにならないほど落ち込んだままなのがその証拠です」と明かす。

カンボジアの現地物流業者も「日本から輸入された和牛はカンボジア国内で消費されるのではなく、全て中国に渡っている」と断言する。この「裏ルート」を使って中国が和牛を輸入していたとすると、表向きの輸入量トップの香港とカンボジアを合わせれば、日本から輸出される和牛の実に半分が中国に渡っている計算になる。

カンボジアの裏ルート

カンボジアでの裏ルートのメカニズムはいたってシンプルだ。いったん東南アジアの国へ輸出された「和牛」を、中国の業者が「カンボジア産牛肉」や「ベトナム産牛肉」として購入しているのである。

先の現地物流業者によると、日本からカンボジアへ輸出された和牛は、首都のプノンペンか港湾都市のシアヌークビルに運ばれる。そこで「カンボジア産」と書かれた箱に詰め替えられ、中国の深圳《しんせん》や上海などに直接、あるいはベトナムを経由する形で大型船を使って運ばれる。

この業者は「カンボジアから中国への陸路は鉄道が整備されていないため、コスト面で割に合わない。トラックも山賊に襲われる危険性があるので、基本的には海路で運んでいる」と明かす。

ただ、実際には陸路からも中国に密輸は行われているようだ。中国政府は2015年6月、上海市で日本産牛肉を大量に販売したとして日本企業を摘発したが、この企業は13年10月から日本産牛肉をカンボジアに輸出し、タイとラオスを経由して、「果物」や「ハム」などの名目で上海に搬入していた。

人民日報によると、容疑者17人が拘束され、牛肉などの冷凍品が押収された。この事件で密輸グループが輸入した不正牛肉はおよそ97トンにもおよび、価格に換算すると3000万元（約6億円）超にのぼったという。

中国当局の調べでは、2015年の時点で、上海市内の一部の日本料理店で、密輸された牛肉が「和牛」と称して500グラム1000元（約2万円）ほどの高値で提供されていた。

確認しておくと、日本からカンボジアに和牛を輸出すること自体は、もちろん違法ではない。産地などを偽装することは現地の法律に照らしても明らかに違法で、このような不正がまかり通る背景にはカンボジアと中国との「蜜月関係」がある。

カンボジアは2011年以降、GDPが年7％前後で経済成長しているが、これは中国からの圧倒的な投資が大きな要因だ。中国は13年から17年までの5年間、合計53億ドルをカンボジアに投資し、現在のフン・セン政権を後押ししてきた。

同国首都のプノンペンでは中国企業による高層建築物が次々に建設されている。観光分野でも、17年のカンボジアへの外国人訪問客計約560万人のうち、中国人訪問客は約121万人で約2割を占め、20年までに200万人に達する勢いだ。

現地をよく知る政府機関の関係者は「結局、カンボジア当局も和牛が中国に向かうものだということを重々承知しているから黙認しているというのが実情でしょう。一部は摘発されますが、あくまで見せしめ。それだって、中国の習近平政権があらゆる分野で不正取締りを強化しだしたごく最近の話です」と話す。

さらに、カンボジアへの和牛輸出は違法ではないとはいえ、大手食肉流通はまず手を出さないという。

タイなどと違い、カンボジアと日本は政府間で検疫条件についての協定がないため、輸出業者はカンボジア当局と毎回、口頭で重量の表示ラベルが必要かどうかなどの通関に必要な条件について確認することになっている。

ある大手専門商社の担当者は、「カンボジアとの和牛取引には協定がないので、一見すると自由競争のように思えますが、実際は逆で、特殊なコネがないと入り込めない。例えば電話した日にはOKとされた基準でも、和牛が向こうに着いた瞬間に『基準が変わった』などと言われて没収されることもあり得ます。その場合は丸損になる。リスクが高くコンプライアンスにも抵触しかねないため、大手ならまず扱いませんし、新規参入も難しい」と説明する。

また、事情をよく知る食肉流通は、「二国間協定があれば、日本国内の認定工場を通した牛肉しか輸出できないので政府が実態を把握できますが、カンボジア向けの輸出の場合はそれができない。中国かカンボジアの高官と強いコネのある中小のブローカーが、大手から買った和牛をそのまま流す形になるので、誰も『裏ルート』の全体像はつかめていません」と話す。

日本政府当局も、こうした「裏ルート」の存在は把握しているが、日本国内で違法行為が行われているわけではなく、さらに誰も損をしない構造のため、静観しているのが実情だ。

そのうえ、輸出先第2位のカンボジアに対して二国間協定の締結をうかつに切り出せば、「『条件を精査するために、いったん全ての取引を中止しましょう』と言われてしまいかねない」（前出・食肉流通関係者）。

畜産農家からは、「裏ルート」の存在は「一生懸命育てた和牛ブランドを傷つけるものだ」との懸念も上がるが、目先の甚大な損害を避けるため、慎重にならざるを得ない事情もある。

それでは現在、上海などの大都市で和牛はどの程度出回っているのだろうか？

上海の事情に詳しい日系企業の駐在員は「大手スーパーで本物の『和牛』を取り扱っているのは見たことがない」とした上で、「企業などによる組織的な密輸はもちろんですが、焼き肉店などの中国人店主が『個人の手荷物』として肉を持ち込み、提供するパターンが多かった」と話す。

輸出解禁で大輸出時代の土台は整った

「裏ルート」について延々と説明してきたが、2020年からの中国への和牛輸出の解禁で、20年にわたる歴史は終わりを迎えそうだ。

19年の牛肉の輸出量は過去最大の4339トン（前年比約2割増）で、同年の政府目標の4000トンを上回った。それでも、和牛の国内年間生産量が約14万〜15万トンであることを考えると、輸出の伸びしろは十分にある。

専門商社筋は「中国の富裕層のニーズが霜降り肉などの高級肉に限られているとはいえ、数万トン単位の需要は確実にある」と潜在力に期待する。和牛の中国輸出に爆発的増加が見られるかに注目が集まってる。

広がる中国内の牛肉消費

では、中国内で牛肉の消費はどのようになっているのだろうか。農林水産省が所管する、畜産物、野菜などの国内の価格安定と農産振興を行う農畜産業振興機構の調査情報部が19年１月に発表したレポート『急拡大する中国牛肉消費の実態』が参考になる。

このレポートによると、２０１７年の中国内の牛肉消費量は７３０万トンと13年の２割増となった。

急速な消費拡大に対して国内生産が追い付かず、２０１０年ごろまでほぼ自給できていた牛肉だが、16年には輸入量で日本を上回り、17年の輸入量は97万トンで13年の倍以上となった。中国政府は２０２７年の牛肉輸入量を１２２万トンと控えめに示している。

中国では元々豚肉が中心で、牛肉の消費量はその７分の１程度だ。伝統的に役牛《えきぎゅう》として扱われたため、固い肉として家庭で小さく切るか煮込んで食べるのが普通だった。安い方がよいとされ、スネなどの安い部位が好まれている。

一方、近年では都市部の若者を中心に焼き肉やステーキなどとしてレストランでの消費が急増。柔らかい高級肉の需要も増加している。江蘇省や安徽省、上海市、浙江省、広東省は年間20万トン以上の生産に対し、消費が超過している。

近年の牛肉消費の急拡大の背景について、消費の主体は外食であり、焼き肉、ステーキ、火鍋、串焼きが多く食べられているという。

レストランでは、客単価150～200元（2480～3300円）くらいのコース料理の中の一品として少量提供されることが最も一般的なようだ。

一方、スーパーマーケットでの販売は極めて少ない。北京市では、冷蔵での流通環境が整っていないため、ほぼ全ての輸入高級牛肉が冷凍で流通しているが、スーパーマーケットでの高級牛肉の販売量は少なく、解凍した部分肉を消費期限までに売り切ることが難しいためのようだ。

さらに、レポートでは、高級牛肉の消費動向についても報告されている。

北京市の高級牛肉専門の卸売業者によると、北京市の高級牛肉の市場規模は約1億元（約16・5億円）あるといわれている。2015年ごろには2億元（33億円）程度あったが、中国共産党の「中央八項規定」（いわゆる倹約令）によって接待需要が激減したことで大きく減少した後、最近は微増傾向にある。

高級牛肉としては、主に豪州のＷＡＧＹＵと米国産牛肉である。業界関係者の話では、内モンゴル自治区と山東省に中国産ＷＡＧＹＵの大規模農場があるとのことであるが、詳細は不明だという。

旺盛な国内消費を支えるため、中国政府は輸入先を急速に増やしている。輸入が増えはじめた２０１１年以降、政府は輸入可能国を積極的に拡大させており、２０１０年ではアルゼンチンとニュージーランド、オーストラリア、ウルグアイだけだったのが、近年では南米やカナダなど輸入先を手当たり次第とばかりに増やし、18年11月時点で21ヵ国にまでなった。

安価な南米産を中心に輸入量を増やし、既に日本を上回る量が輸入されているが、それでも国内消費量の1割強に過ぎない。また、牛肉の価格動向を見る限り、需要が満たされているとは言い難い。加えて長期的には、農村地域の需要が拡大することは間違いない。一方で、共産党政府による環境規制などにより国内生産は過去5年以上にわたって停滞を続けている。

以上から、今後中国の牛肉輸入量が増加する可能性は高いと、レポートは結んでいる。

高すぎて日本の食卓から遠ざかる和牛

遺伝資源の流出対策が急がれる和牛だが、スーパーでは国内でも高級品として「食卓離れ」が進む。

農畜産業振興機構の調査によると、17年度の牛肉の小売価格（かた肉、100グラムあたり）は米国産292円に対して、和牛は795円と2・5倍以上高い。

この原因は畜産農家の高齢化に負う所が大きい。和牛は育てるのに時間がかかるため、廃業する農家が増えれば、需要にあった供給が保てないため、価格が上がるというわけだ。

畜産関係者の間では、スーパーから「高すぎて売れない」という理由で契約を切られる農家も増える一方、富裕層や高級レストランからの引き合いは依然強い。近年の海外からの観光客の増加にともなうもので、東京オリンピックを前に在庫をため込んでおこうとの憶測が飛ぶほど高騰している。食肉流通統計によると、国内の和牛の1キログラムあたりの価格は2016年で3821円となっており、2012年の2487円の約1・5倍となっている。

日本自体は肉食ブーム

和牛が高級食材ということを確認した上で、では、庶民が食べている肉は？

実は豪州や米国からの輸入牛肉だ。実に両国だけで9割程度を占める。

財務省貿易統計によると、１９９０年の牛肉輸入量は約38万トンだったが、91年に牛肉の輸入が自由化されると、輸入量は増加した。２０００年には自由化前の約2倍となった。

しかし、日本国内での01年のＢＳＥの発生と、03年の米国でのＢＳＥの発生で2年にわたって米国産牛肉の輸入が停止されたことなどにより、牛肉消費は低迷した。05年から米国産牛肉輸入が再開されてからは、輸入量が回復し、10年以降は50万トン程度の水準で推移している。


輸入牛肉は、手ごろな価格で牛肉を食べたい日本人のニーズを的確に射貫いており、日本の国内での肉の消費量の拡大に寄与している。生活実感からしても、家庭ではオージービーフやアメリカンビーフは、赤身で脂身が少ないため、手軽にステーキにして食べることができるため人気がある。さらに、輸入牛を提供する吉野家などの牛丼チェーンをはじめ、いきなりステーキなどの拡大で牛肉はかつてよりはるかに身近なものになった。

一方の和牛は強みのサシを味わうためにはすき焼きとして食べるべきだが、近年の単身世代の増加もありニーズの拡大は難しい。

日本自体は肉ブームが起きているのに、和牛は食卓から確実に遠ざかっているのだ。

サシの多さから脂肪の甘みへの転換

日本政府や畜産業界も、サシの入った和牛が最優先される畜産農家の姿勢を次第にシフトしようとする問題意識はある。

政府の現状打開策は、畜産農家の収益を底上げして若者を呼び込めるような「食える業界」とすることだ。少し価格が安い赤身が多い交雑種に転換する動きや、サシの量ではなく脂肪の甘みを強化する方向性も畜産農家の間では出ている。

和牛の畜産農家の指導層は、サシ以外のところで強みを出してもらおうと、和牛登録協会が主催する「和牛のオリンピック」と呼ばれる全国和牛能力よ共進会での２０２２年の大会の審査基準に、「脂肪のうまさ」についての評価基準を採用した。

共進会の開催内容には次のようにある。

歩留に代表される肉量と、脂肪交雑に代表される肉質については、遺伝的能力と肥育技術の向上により、高いレベルに到達しました。今後は、生産、流通、消費の動向を見据えて、効率的な牛肉生産に加え、食味性の向上に重点を置いた遺伝的改良と飼養管理技術の研鑽が求められています。和牛独特の風味があり、口溶けが良く、食味性の向上が期待される「脂肪の質」の改良体制の構築も促していきます。また、牛肉の一般成分としての水分、脂肪、タンパク質のバランスも和牛肉の美味しさに関連していることから、和牛肉の新しい価値観の創造につながるような、適度な脂肪含量で、交雑脂肪の形状も考慮した評価を追究します。

この趣旨の下、以下の評価基準を新たに設定した。

脂肪の質の育種価評価体制の構築により、脂肪の質の改良につなげることを目的とした出品区です。（中略）この区により脂肪の質の能力把握から、種雄牛造成の体制を構築し、脂肪の質をはじめとする「新たな枝肉の価値観」の醸成と定着につなげます。

このような方針転換について、現場の畜産農家はどのように受け止めているのだろうか。先の宮崎県の畜産農家はこう語る。

「和牛の売りはサシ、ではあるのですが、高すぎたり脂っぽかったりすると確かに敬遠される傾向があるのは間違いないです。

消費者あっての業界だということは分かっているのですが、農水省などの指導層を除いては、やはりサシをいかに増やすかに腐心しているのが現状です。まあ、ここ30年、サシを増やすことが正義だったわけでそれで価値観ができてしまっているので、変えていくのが難しいですね。

何より、経営上の問題でサシの入った和牛の方が高く売れるんですよ。赤身が強い交雑牛の倍以上、下手したら桁が一つ違いますからね。そりゃ同じ手間をかけるなら儲かる方をやるのは当然です。

あとは赤身の牛に方向転換しようとしても、これまで脂肪交雑を進めすぎて、新しく交雑させるべき牛がなかなか見当たらないという問題もあります。これまでも断続的に豪州のWAGYUを「逆」輸入しようという動きが出ていますが、やはり売値がサシの和牛よりも安いということで挫折しています。

農水省が本気を出すにしても、補助金を赤身のためだけに出すという政策は今の余裕のない時代に許されないでしょうね。コメでさえあれだけ叩かれてるわけですから」

昔からの価値観をすぐに変えるのは難しそうだ。

和牛の歴史は意外に浅い

冒頭の流出未遂事件をきっかけに和牛が「国として守らないといけない資源」という意識は高

まったものの、実は和牛の歴史は想像より浅い。

1990年ごろの牛肉輸入自由化の中で、日本の牛肉で外国に負けないのが和牛のサシだったということに気づき、品種改良を繰り返した。それまではただのトラクター代わりの役牛だった。

昔からサシの研究をしていた神戸牛などを手本に全国で和牛が広がった。つまり、本当に「日本が誇る高級食材」として普及したのはせいぜい20年ほどなのである。鹿児島県のある畜産農家はこう明かす。

「実は、本格的に和牛の脂肪交雑（サシ）の研究開発に入ったのは、日米の間で牛肉の輸入自由化が始まった1991年以降の話で、米国産牛肉に対抗するにはどうしたらいいかと考えてのことだったのです。

現在知られているような質の和牛は2000年以前には、神戸牛などほんの一部をのぞいて、日本国内に存在しませんでした。日本人にとって、牛というのは今で言うトラクターみたいなもので、動かなくなったりしたら初めて食べるという農耕牛としてのルーツが基本だったのです。

自由化以前の牛肉というのは、地方で言えば西日本で食べられていたというもので、日本中で食べるというようなものではありませんでした。馬肉の輸入が2000年を境に激減していますが、これは輸入が本格化して安い牛肉や豚肉、鶏が手に入るようになったからです。牛肉の脂肪交雑が本格化したのもその辺りですね」

さらに、実は、世界貿易機関（WTO）の自由貿易のルール上、和牛を国外に出さないというのもグレーな議論だ。

WTOは自由貿易を基本としており、日本の外為法でも武器や弾薬、有限天然資源の輸出を規制しているが、同様な形で和牛の受精卵や精液の輸出を禁止することは国際ルール上できない。

2006年に開かれた検討会でも本質的にこの部分がネックとなり、業界団体による輸出自粛の活動が基本的な流出対策となった経緯がある。

日本の和牛遺伝資源は、当初研究用で輸出されていたが、その後商用としても輸出され、1998年までに生体247頭、精液1万3000本が米国へ輸出された。

99年以降は、団体による輸出自粛の取組に加え、2000年の口蹄疫の発生により家畜衛生条件交渉が停止しており、和牛遺伝資源の輸出実績はない。

つまり、今の日本の和牛の遺伝資源の流出を食い止めているのは、諸外国との家畜衛生条件の取り決めが行われていないということに尽きる。

この現状について、農水省幹部はこう明かす。

「実際、流出防止について言えば、中国の裏ルートなんかよりも恐れているのが、米国や豪州、中国などとの検疫条件の交渉です。つまり、表玄関が開くことで言い訳ができなくなるということです。口蹄疫からはすでに20年近くが経過していますし、正直いつでも交渉を持ちかけられる状態といってもいい。

検疫条件の交渉はあくまでも科学的根拠に基づいて議論するので、政治的な交渉の余地はありません。できるだけ引き延ばすことはできますが、それだって限界がある。例えばですが、もし交渉がまとまって、和牛の生体を売ってくれと言われたら、100頭だって1000頭だって売らざるを得ないのです」


冷静に考えてみれば、豚や鶏など他の畜産物は外来種ばかりだ。和牛でも、赤身肉を求めて、豪州のＷＡＧＹＵを逆輸入しようとする動きも出ている。「こちらは売りたくないが、相手は売りたいからいい」という議論なら、向こうが求めてきたら逆らえないのが現実だ。

本当の和牛流出は、これから危機を迎える。何の分野でもそうだが、技術を完全に囲い込むということはできない。かつて産業界が技術者を軽視したために、高い報酬をちらつかせた韓国や中国に技術流出したように。国境の壁を越えて、やがては和牛もフォアグラやワインのように育て方で勝負しなければならない時代がくるだろう。

タイムリミットは着実に迫っているのである。

和牛商品券から見えた「視野の狭さ」

２０２０年になった途端に世界中で猛威を振るう新型コロナウイルスだが、畜産業界にも影響を及ぼしている。

「この一大事のさなかに『和牛商品券がコロナ対策です』なんて言ったら、猛烈に叩かれるに決まってる。もっと慎重に考えた方がいい」「いや、和牛の畜産農家はもはや廃業寸前なんだ。これしかない」──。

20年3月末の自民党の農林部会幹部会では、出席した農林族重鎮議員のあいだでこんな激論が交わされたという。

政府が急ピッチで策定している、新型コロナウイルス感染拡大による緊急経済対策。この中に、「和牛の購入」に使い道を限定したクーポン券「和牛商品券」が盛り込まれる方針と報じられ、国民からの批判が高まった。

〈この期に及んで、族議員の利益誘導か〉〈デマかと思った〉〈他の国は現金給付なのに、なぜ商品券なのか。情けない〉……Twitterではこうした声が上がり、一時はトレンド入りするなど炎上状態に。「和牛」が、新型コロナ対策における「日本の間抜けぶり」を嘆く代名詞となってしまうありさまだった。

最終的には廃案に追い込まれたものの、明確かつ納得のいく説明がないまま、「和牛商品券」のように特定の品目に使い道を限定する給付を行えば、「特別扱い」との批判を受けるのは当然である。

政府による国民へのクーポン券配布の前例としては、1999年の「地域振興券」がある。

これは地域の商店に使えるという点で少なくとも「和牛」よりは幅が広かったし、「地域消費の喚起」というお題目にもかろうじて説得力がともなっていた。

それに比べ、もはや食卓から遠ざかった和牛商品券について、国民の多くが「なぜ国家の一大事に、それこそ不要不急の贅沢品を買わされなければならないのか」という怒りを抱くのも、無理はない。

しかし、こうした頓珍漢にも見える政策を、批判を浴びると分かっていながら自民党が出してきた背景には、背に腹は変えられぬ畜産農家の未曾有の苦境があった。

在庫が急増、価格は下落

新型コロナウイルスの影響で、国内のみならず世界的にも和牛の需要が激減し、価格が大幅に下落している。訪日外国人観光客の減少や宴会などのキャンセルを受け、ランクの高い和牛を中心に在庫が積み上がっている。

足元の和牛など国産牛肉の在庫量は平年より5割から6割多い1万4000～1万5000トンになっているとみられ、「約半年分の在庫がはけていない」（牛肉流通業者）という。

在庫が積み上がると、当然和牛の販売価格は下落する。東京食肉市場の3月の和牛枝肉（A4・去勢）の加重平均価格は1キロ1857円と、2014年以来5年ぶりに2000円の大台を割っている。前年同月比で600円以上も下落しているため、1頭あたりの枝肉重量が500キログラムとすると、1頭につき30万円の収入が減少することになる。10頭、20頭と育てている農家にとっては、これだけで数百万円単位の損害となる。食肉商社や畜産農家も同じく大きな打撃を受けている。

商品券がダメなら無料で配れ

和牛の在庫増の状況に業を煮やした全国農業協同組合中央会（JA全中）は、「商品券がだめならタダで配れ」といわんばかりに、高級和牛の1万円相当を消費者5000人に無料配布する前代未聞のキャンペーン（4月10日に応募締め切り終了）を行った。

もともと、この和牛の当選者はほんの20人だったところを、在庫処理のために急きょ250倍の5000人に拡大するほどの大盤振る舞いだった。和牛商品券をめぐるバッシングのあとだったこともあり「あくまで安売りはしない」との和牛ブランドへの配慮から無料配布となったと考えられる。

一時は申し込みサイトの閲覧が難しくなるほど応募が殺到した反面、「無料で配らなくても半値以下などで安売りすればいい。手塩にかけた農家への配慮不足」などとする批判的なコメントが相次ぎ、逆効果だったと言わざるを得ない。

「在庫をはくためにはしょうがない」

「和牛商品券を拒否するなんて、国民は畜産農家のことを大事に思ってないのか」――。自民党農林族の国会議員は、こう不満をぶちまけた。さらに「特定品目だけを優遇するなという理屈はわかるが、和牛が高級品だという理由で提案したわけではない。食料品はいつまでも在庫を置いておけない特性があるため、とにかく流通させなければいけないという危機感が前提だ」と強調した。

しかし、こうした事情を鑑みても、今回の「和牛商品券」をめぐる畜産業界や自民農林族の対応には無理があると言わざるを得ない。

最終的に農林水産省は4月7日に決定した緊急経済対策をもとに、和牛を卸売り業者が小売業者などに販売した際に1キロ当たり1000円の奨励金を公布するなどの500億円規模の支援を決めている。スーパーなどでの販売促進を進めたい考えだ。また畜産農家が出荷する牛1頭当たり2万円を支給し生産者も支える方針だという。

ただ、今回のように予算での対応ができるなら、はじめから商品券という形にこだわる必要はなかったのではないかという疑問が否めない。結果的に、今回の一連の騒動は自民党農林族の戦略ミスだったと批判されても仕方ないだろう。

これまで和牛の輸出政策を取材してきて筆者が思うのは、今回の新型コロナウイルス禍によって、もはや日本産の和牛が「日本人の食べ物」ではなくなっている現実が炙《あぶ》り出された、ということだ。

庶民にも手が届き、日々の食卓に並ぶ食材であれば、少なからぬ国民が食糧確保に不安を抱いている中、放っておいても需要が生まれたはずだ。実際、豚肉の国内価格は下がっておらず、前年並みをキープしている。

生産者が生き延びるためとはいえ、和牛のように特定の品目、しかも国民にとって必要性が低いものを税金や国策で支えなければならないというのは、資本主義かつ民主主義であるこの社会においては、なかなか通用しない論理だろう。

筆者は新型コロナという試練に見舞われている今こそ、「サシの入った高級霜降り和牛」が優遇されてきた畜産業界の、転換の好機だと考える。製造業ではこれを機に、生産拠点の中国偏重を見直し、国内への回帰を検討するところも増えている。和牛もこれまでのように海外市場や富裕層ばかりを向き、むやみに高価格化を推し進めるのではなく、手ごろな商品を用意して国内市場を見直すべきではないか。

日本人だって、決して和牛が嫌いなわけではない。日常的に手の届く価格ならもっと買うのに、と思っている人も多いだろう。「霜降り至上主義」から脱却し、赤身肉も用意するなどの工夫をして、地に足のついた立て直し策を考えるべきだ。

和牛はこれまで「1億人を超える人口に守られ、食べてくれる人がいて、生き残って来れた」という点ではアドバンテージがあった。反対に、「いいものさえ作ってれば大丈夫」という相手をよく見ない姿勢にもつながった。

今後はどのように売ればいいのだろうか?

ストーリーで売るということが一つの改善策となるだろう。技術そのものではなく、食べに来た人に思い出やストーリー、演出を付加価値として加えるのもいい。消費者に根ざした戦略が必要となるのは間違いない。

第2章

イチゴとブドウ

遺伝子流出と新品種開発

「おいしーい、このイチゴ！　甘ーい」――。

2018年2月に韓国・平昌で開かれた冬季オリンピックで、日本の女子カーリングチームの選手は「韓国産イチゴ」を休憩中に食べ、こう感想を漏らした。

このイチゴ、実はルーツは日本産なのだ。栃木県産の「とちおとめ」などが現地で交配された品種だったとみられている。当時の齋藤健農林水産大臣も「以前に日本から流出した品種を基に韓国で交配されたものが主だ」と発言した。

前章の和牛の事件が表に出る前は、イチゴが遺伝子流出で最もホットなトピックだった。

韓国産のイチゴが逆輸入された？

イチゴをめぐる遺伝子流出は1990年代にまでさかのぼる。被害にあったのは、とちおとめ、レッドパール、章姫《あきひめ》の３つだ。

とちおとめは栃木県農業試験場で育成され、１９９６年に品種登録されたイチゴだ。食味のよさから人気が上昇し、現在では栃木県内で生産されているイチゴの９割以上を占め、東日本のシェアトップとなっている。糖度が高めでほどよい酸味を持ち、果汁が豊富で果実がしっかりしているので比較的日持ちがよいのも魅力だと言われている。

レッドパールは１～４月がシーズンの愛媛県産。宇和海《うわかい》の名産品の「真珠」にちなんで、「レッドパール」という意味を込めて作られた。

これら２つのイチゴは、日本の個人業者が一部の韓国国内の育成者に育成権を許諾したところ、現地で流出し無断栽培され、日本に逆輸入されるという事態が発生した。

品種ではレッドパール、章姫がそれぞれ被害にあい、育成権者が訴訟して、和解したが、現地で栽培は続いた。とちおとめについては、栃木県が被害にあい、同様に現地の業者と和解したが、無断栽培は続けられた。

逆輸入については、２００１年に「東京都中央卸売市場青果物速報」に韓国産「とちおとめ」の入荷状況が記載され、農林水産省が文書で注意し、市場関係者が調査したが、物的証拠は得られなかった。2005年に韓国農水産物流通公社作成の韓国国際展示会のパンフレットに「韓国産イチゴ」として「とちおとめ」「さちのか」が記載されるなど、権利侵害が目立った。

なぜ流出を防げなかったのか?

日本産イチゴの流出を食い止めることはできなかったのだろうか?

実は、和牛などの動物と違い、植物は知的財産保護のための国際的な制度がしっかりと存在しているのである。

まず、植物の遺伝資源を守るには国際的な枠組みがある。「植物の新品種の保護に関する国際条約(UPOV条約)」がそれだ。種苗の輸出入を含む各種の行為に対し、育成者の権利保護を目的としている。この条約を批准した国で品種登録すれば、違反者に差し止めや損害賠償請求ができる。

なぜ動物と違い、植物は特許申請が可能になるかというと、植物は親と子供の遺伝子が同じだからだ。他の品種との区別が明確にでき、甘さや大きさなどの特徴も同じ。親、子供、孫と繰り返し繁殖させても特徴が変化しない安定さもある。そのため、品種の特徴を「権利」として公的機関に登録できるのだ。

日本では、農産物を品種登録すると種苗法で、国内では登録者（育成者）の販売権が25年（果物は30年）保護される。

海外は別のルールで動いている

中国、韓国など海外では、日本で売り出されてから４年（果物は６年）以内に現地で登録しなければ販売権は保護されない。日本の農家は現地での登録の必要性に気づかず、登録期間が過ぎて無断栽培や販売の差し止めが難しくなっているケースが多い。

なぜ日本の農業関係者の海外での品種登録に対する意識は低かったのだろうか？

日本の農業の枠組みでは、「各都道府県が開発した農産物で、自治体間で競争すること」が主眼だったためだ。「とちおとめ」を開発した栃木県選出の自民議員はこう明かす。

「基本的に果物の品種を開発するのは自治体です。今でこそ輸出が課題として認識されていますが、もともと果物は傷みやすい上、国内のマーケットでも十分に食べられていた。自治体がそれぞれ独自の品種を開発し、競争し合う。そんな中で海外に輸出しようとする意識が育つはずはありません。まして、日本の農家は人がいい。それが裏目に出て、韓国に種が渡ってしまったということです。よその国にも広げたいと言われ、本当に善意であげてしまった結果がこれです。

海外はもっとこすっからい世界だというのを分かっていなかったことが誤算でした」

農水省は16年度にようやく、自治体などを対象に、輸出先の国ごとに必要な品種登録手続きの国費負担を開始した。2020年4月には海外での無断栽培差し止め請求の費用補助にも乗り出し、少しずつではあるが動き始めている。

さらに、農水省は、種苗法を改正し、持ち出しを実効性のある形で禁じる方向で検討し、2021年の通常国会での成立を目指している。

韓国の報道は？

では、問題の韓国はどのような意識なのだろうか？

ハンギョレ新聞がネット記事で積極的に取り上げているので、該当記事を見ながら探ってみたい。

２０１８年12月５日の記事「日本産を追い出した〝韓国産イチゴ〟…〝イチゴ韓流〟狙う」では、香港、シンガポール、タイ、マレーシア、ベトナム、インドネシアで韓国産品種のイチゴ輸出が増加していて、日本品種のシェアをわずか10年で普及率95％とひっくり返したと報じている。

韓国農村振興庁によると、韓国産品種のイチゴ輸出量は13年の３１１６トンから16年には４１２５トンに増加した。国産イチゴの普及率は、２００５年の９・２％から２００９年には56・４％で半分を超えた後、現在は95・２％まで到達した。

『国産品種イチゴの輸出増加は、日本品種が蚕食した国内イチゴ栽培農家に対し国産品種の普及を拡大した効果』だとしている。「蚕食《さんしょく》」というのは、食い散らかしたという意味だ。この記事を見ると、イチゴが「日本に侵略された市場を韓国が独自の努力で追い払った」という国民感情に訴えかけるストーリーが前面に出ている。

メディアは国民の意識を反映する。ハンギョレ新聞は大手紙であり、読者の多くがイチゴを通して溜飲を下げていると想像できる。

次は、13年12月1日付の『〔〝イチゴ韓ー日戦〟〕章姫（アキヒメ）・レッドパールvs梅香・雪香…イチゴ畑 10年戦争をご存知ですか』をお読みいただきたい。表現自体が興味深いので少し長くなるが引用する。

〝日本品種が大勢だった時期のことから話しましょうか?〞

白いイチゴの花のようなボタン雪が降りしきる11月27日、忠南（チュンナム）論山市（ノンサンシ）夫赤面（プジョンミョン）の忠南農業技術院論山イチゴ試験場で会ったキム・テイル（54）論山イチゴ試験場長は日本品種イチゴの話から切り出した。彼は「70年代統一稲を開発して空腹を解決したのが緑色革命ならば、その後に国産品種が全国的に広まったのはイチゴが最初だろう」と話した。国内自生種がなく、外国品種が競争していたイチゴ市場でキム試験場長は〝品種国産化〟を率いた先頭走者だ。

■〝イチゴ韓―日戦〟勝者は誰？　90対1

ワールドカップ４強神話を成し遂げた２００２年、国内イチゴ農家栽培面積の90％を占めていた絶対強者は日本導入種だった。国内育成種はかろうじて１％水準だった。果物がたくさん実る章姫（アキヒメ）、病気に強くて果肉が丈夫なことが強みだったレッドパール、二つとも１９９０年代中盤に日本から持ってきた品種だ。キム試験場長が同じ年の１月〝梅香〟という国内育成種を開発・普及させたが、味が優れて鮮度を保てる反面、病虫害に弱く栽培が難しいために日本品種が席巻していた地図を塗り変えるには力不足だった。その上、我が国が〝国際植物新品種保護同盟〟（ＵＰＯＶ）に加入して品種使用料（ロイヤリティー）問題まで起きた。「日本政府は章姫・レッドパール開発育種家のために弁護団まで支援して我が国政府を圧迫しました。毎年30億～60億ウォンに及ぶ使用料が日本に払われるところでした。」イチゴを巡る韓―日戦は日本の完勝で終わるかに見えた。
2005年韓国サッカーのパク・チソン選手に肩を並べる〝雪香〟品種が雪の花のように光りながら登場した。キム試験場長が1995年にイチゴ品種育成に飛び込んで10年後のことだった。章姫とレッドパールの交配で生まれた雪香は両方の長所を兼ね備えて、病虫害に強く果汁が多くてすっきりした味わいが天下一品だった。「〝土に苗木をさしておくだけでイチゴ農作業ができる〟という話がある程に栽培が易しかったのです。」栽培するのが難しく栽培技術により収穫量が千差万別になるイチゴ農業で、雪香の長所は際だって見えた。
雪香は国内農家に普及した後、毎年日本導入種を10％以上押い出しながら栽培面積が急増した。開発後3年経った2008年には、単一品種としては日本のレッドパールを抜いてイチゴ栽培面積基準で国内筆頭品種に上がり、今年は何と75・4％の占有率を見せている。（略）
雪香より先に開発された梅香は果肉が丈夫なうえに雪香より味が優れている点を長所として、輸出の道を拡大し続けている。香港・シンガポールで高級イチゴとして脚光を浴びる梅香は、国内輸出量の90％を占めており、毎年2000万ドル分ずつ輸出されている。

事情がこうなると日本での警戒と疑いも強かったという。〝韓国にイチゴ品種を作る能力が備わっているか〟として梅香品種の研究資料を要求し遺伝子検査まで行った。「結局、自分たちの品種ではない事が判り、何も言えませんでしたよ。」品種研究で助力を得ようと日本に出張に行った時は、栽培温室前で門前払いに遭ったりもした。韓国の人々が来れば温室を閉じることになっているという話まで聞いた。「私たちのような研究員が行けば日本側は温室の外側だけ見て行けと言われましたよ。」（略）

梅香・雪香はすでに大韓民国優秀品種賞である国務総理賞と大統領賞に輝き、国内育種現場で最高の地位を占めた。自身も大韓民国農業科学技術大賞（勤政褒章）をはじめとして多くの賞を得た。だが、雪香の独走をひたすら笑って楽しんでばかりはいられない。「まだ国内外で雪香を凌駕する品種はないが、時間が過ぎればいくらでも出て来ます。そうなれば一発で国内イチゴ市場が崩れかねません。多様な経路で色々な品種を作り、競争力を備えなければなりません。」

昨年、試験場では日本のレッドパールを狙って収穫期が遅く果肉が丈夫な淑香を開発した。レッドパールより果実が10％多く実る程に優秀だ。だが、彼はこれで満足しない。（略）また、今までは品種育成をはじめとして栽培技術に集中してきたが、栽培施設やエネルギー活用、イチゴ加工にまで幅を広げたい欲もある。産業界と学界、研究機関を合わせた産学研研究体系を作るのも夢だ。生果実だけでなく苗まで輸出することも先送りはできない。

この記事は、先ほどの記事と同じく、ナショナリスティックなトーンが貫徹されている。キム試験場長は「国内自生種がなく、外国品種が競争していたイチゴ市場で〝品種国産化〟を率いた先頭走者」であり、「２００５年韓国サッカーのパク・チソン選手に肩を並べる〝雪香〟品種」の生みの親なのだ。

雪香が開発される前は日本品種のシェアを奪うことはできず、「我が国が〝国際植物新品種保護同盟〟（ＵＰＯＶ）に加入して品種使用料（ロイヤリティー）問題まで起きた」と書かれてあるが、これは韓国産イチゴが日本市場に逆輸出され、日本国内の農家から対抗措置を求める声が高まったためだが、その辺りの背景には言及されていない。あくまで、「日本政府は章姫・レッドパール開発育種家のために弁護団まで支援して我が国政府を圧迫しました。毎年30億〜60億ウォン

ソウルの農水産物卸売市場で韓国産イチゴを味見するハンス首相（当時）（2008年３月）（写真提供：EPA＝時事）

に及ぶ使用料が日本に払われるところでした」と被害者サイドの視点に終始している。

さらに、注目すべきは「果物がたくさん実る章姫（アキヒメ）、病気に強くて果肉が丈夫なことが強みだったレッドパール、二つとも１９９０年代中盤に日本から持ってきた品種」であり、韓国産の「雪香」が「章姫とレッドパールの交配で生まれた」と、ルーツが日本産だと認めていることだ。

その後、雪香が日本品種の韓国内シェアを奪うと、警戒した日本は遺伝子検査をしたが、日本側は「結局、自分たちの品種ではない事が判り、何も言えませんでした」という。

これは先に述べたように品種登録を韓国内でしておらず、差し止めできなかったためだ。ここまでくると、盗人猛々しいと言われてもおかしくない。

この記事を読むと、韓国の公的な研究所の意識が「元々は日本産であったとしても、交配させて『オリジナルの韓国産』にしてしまえば、法的措置がとられない限り、文句を言われる筋合いはない」というものだということがよく分かる。一度海外への流出が起きた場合、こうなることは教訓としておくべきであることは間違いない。

損害は220億円だがそもそも売り方がヘタ

農水省によると、韓国産イチゴの流出による被害総額は5年間で220億円に上るという。これまで述べた経緯から、確かに品種流出は日本に落ち度があったとしても、農家にとっては悔しいのは間違いない。

ただ、一歩引いて考えると、品種改良で先行していた日本が海外にセールスをより早くかけていれば、220億円の損害はなかったのではないだろうか?

このことについて、自民党の農林族の閣僚経験者はこう話す。

「大臣をやっている時に、農水省職員にシンガポールに売り込めといったら、『鮮度が持たない』と言う。

しかし、実際にシンガポールに行ってみると、韓国産が置いてある。どういうことかと抗議するとすぐに腐るのでコスパが悪いという。こんな感じで消極的な姿勢が際立っていた。

農水省は基本的に自民党の農林族ににらまれない形で国内農家にうまく利権配分する制度をつくることが仕事ですから、海外で販路を開拓するなんてできない。ＪＡにしても最近やっとイトーヨーカドーのＯＢを販売担当の幹部に引き抜いて改革し始めたところだ。

要するにモノがいいから売れるという時代は終わっているのに、それに対応できていないということで、『韓国にやられた』というのは簡単だが、その理由をしっかり自覚しないと永遠に同じことを繰り返すだけだ」

実際、新鮮なイチゴの海外でのニーズは高い。

例えば、２０１９年1月21日のテレビ東京のニュース番組『モーニングサテライト』で紹介された「Oishii Farm（オイシイファーム）」の事例を見てみたい。

オイシイファーム代表の古賀大貴氏は、アメリカで初めてイチゴの植物工場を作った。アメリカやインド、シンガポールなど多国籍のチームを率いながら、イチゴにとって最適な気温や湿度、光の量など全てが管理された工場で、毎日、数百個のイチゴを収穫している。

アメリカのイチゴの糖度は平均7~8度だが、古賀さんのイチゴは個体差はあるが15度前後の糖度、ものによっては20度出るという。毎回同じ環境で作っているので安定的に高い糖度が出るため、バイヤーから市場価格の2倍から3倍を提示される。

古賀氏のビジネスが回る理由は、アメリカの農業事情にある。アメリカは農業大国ではあるが、農産物の生産地がカリフォルニアに集中しており、それ以外の場所で新鮮な野菜は手に入りにくいという。番組内でニューヨークのスーパーでは実際にカビが生えたイチゴが売られている様子が報じられている。

古賀氏は、イチゴ以外の作物も展開して、将来的にはアメリカ以外にもシンガポールやドバイなどに進出し、世界最大の植物工場を目指したいという。

世界最大級の消費都市のニューヨークでカビが生えたイチゴが売られていること自体が驚きだが、逆に言えば、日本の高糖度のイチゴを新鮮な状態で生産することができれば一気にマーケットシェアを取れるということだ。

先の自民議員はこう話す。

「オイシイファームの事例を見ても、基本的に日本産イチゴの海外ニーズがあることは明らかだ。東京五輪でイチゴを外国の選手にどんどん食べてもらって、現地で食べたいというニーズを開拓できれば確実に販路は開拓できる。長野冬季五輪の時にはタタミの海外ニーズが高まった。実感に裏付けられた口込みが強いのは国内外を問わない。トランプ米大統領だって、米国内に植物工場ができて雇用創出される分には歓迎するはず。積極的に働きかけるべきだ」

マニアックなほど多様な日本産イチゴをどう売るか？

日本産イチゴは３００を超える品種が登録されており、品種ごとに栽培方法が違う。味の良さを第一に考えて栽培しているため、栽培管理コストを削減するよりは「大事な娘を嫁にやるように大切に育てる」ことが重視される。

モノづくりが得意な日本らしいが、国際社会で勝ち抜いていく姿勢が弱いことは否めない。19年4月には、福島第一原発事故後、韓国政府が日本の水産物に対して禁輸措置をとっていることを不当だとして日本政府が世界貿易機関（WTO）に提訴した問題で、WTOの最終審に当たる上級委員会は一審での韓国への是正勧告を取り消した。これにより、日本は事実上敗訴した。韓国のロビー活動が成功したとされるが、この件でも日本の外務省は科学的データがそろっているから絶対勝てると油断した。

この件について、農林族の若手自民議員はこう話す。

「海外の展示会に行っても、ものすごく鮮度の高くておいしい食べ物が多い。日本産は確かにいいが、海外は売り込みがはるかにうまい。モノがよいのにプラスアルファしてスムージーで売るなど工夫していかないと差が開くばかりだ」

日本は和牛同様に、外国との競争をより意識しなければ、さらに水をあけられるだろう。先程紹介したハンギョレ新聞の記事にはこうあった。

「まだ国内外で雪香を凌駕する品種はないが、時間が過ぎればいくらでも出てきます。そうなれば一発で国内イチゴ市場が崩れかねません。多様な経路で色々な品種を作り、競争力を備えなければなりません」

品種を強引に流用するのをよしとするのはいただけないが、この貪欲さがＷＴＯ勝訴にもつながったことは間違いない。そこは今度は日本が「流用」するべきだろう。

イチゴだけでなく、高級ブドウも

イチゴだけでなく、果物の不正な海外流出は高級ブドウにも及んでいる。

シャインマスカットは２００６年に品種登録されたばかりの白ブドウ。マスカットの香りと高い糖度、何より皮ごと食べられるのが特徴だ。価格が手ごろなところも人気を呼んでいる。

中国で栽培されたと思われるシャインマスカット（写真提供：農林水産省提供／時事）

このシャインマスカットも苗木が流出し、韓国、中国で栽培されている。香港、タイでは中国産と韓国産、マレーシア、ベトナムでは韓国産の販売がそれぞれ確認されているという。

このシャインマスカットの流出について、ＪＡ職員はこう話す。

「あれは、５年ほど前、中国・貴州というところに出張に行ったときのことですが、明らかにシャインマスカットと思われるブドウがなっていました。

もちろん、その場では確認しようがなかったのですが、貴州は中国内で最も貧しい地方です。そんなところでこんなに普通に栽培されていると思うと、他の所でもやられているとみて間違いないとキモを冷やしたものです。

農水省は裁判費用を負担してくれると言いますが、正直言って農家の意識はまだそこまで達していないのが実情です」

サツマイモが次の火種か

イチゴ、ブドウの次はサツマイモまで日韓関係の火種になる可能性も出てきている。

２０２０年2月21日にテレビ東京のニュース番組『ワールドビジネスサテライト』で放送された「韓国　日本品種のサツマイモを輸出」という特集が話題になった。

２０１０年に日本で品種登録された「紅はるか」という比較的新しいサツマイモが韓国で栽培され、現地では「蜂蜜サツマイモ」と呼ばれているという。韓国のサツマイモ栽培に詳しい専門家は「（農業関係者などが）日本に行った際に買ったものが持ち込まれたと考えられる。正式に輸入されたものではない」とコメントし、許可なく韓国に持ち込まれた紅はるかが農家の間で評判になり次々と広まったと説明した。

韓国では日本でもおなじみの焼き芋だけでなく、ピザ屋では、乱切りにしたサツマイモを乗せた上にサツマイモのムースをトッピングして焼き上げる。韓国では今や定番のメニューだ。

韓国料理にはもともと、よくサツマイモが使われていた。伝統料理では、蜜で甘くしたり、天ぷらにするというのが一般的だったが、この紅はるかがその伝統を変えたという。

韓国政府は近年、農産品輸出に力を入れており、サツマイモをはじめ、今年日本円にして8000億円の農産品の輸出を目指している。番組によると、韓国産の紅はるかも、シンガポールや香港などに年間およそ300トンが輸出されているという。

両国の食べ物をめぐる争いは尽きることがなさそうだ。

第3章

ニシキゴイとナマコ

海外で価値を見出された「日本産」

和牛やイチゴのように日本の外に持ち出されるのではなく、日本では見向きもされなくなったり人気がなくなった「日本の資源」が海外で評価される例もある。それがナマコとニシキゴイだ。

1匹2億円の「泳ぐ宝石」

「さあ、ほかにいらっしゃいませんか？　いらっしゃいませんね？　では、2億3000万円で落札！」――。

2億円の落札というと高級絵画を想像してしまうが、実はこれ、2018年10月、広島県三原市で開かれた高級観賞魚のニシキゴイのオークションなのだ。

近年、中国などアジアの富裕層の間でニシキゴイの人気は急速に高まっている。このオークションでも会場には、中国はもちろん、台湾、タイ、アメリカなど各国からバイヤーが詰めかけた。

今回中国人が落札した2億円は例外的な高値だが、数百万、数十万円単位ならドンドン落札されていった。

日本政府は、農林水産物・食品の輸出額1兆円の達成を目標とする中、ニシキゴイを主要品目として海外への販路拡大を進めようとしている。自民党でも、ニシキゴイの輸出振興を目指す議員連盟が発足している。

2億円で落札されたニシキゴイ（写真提供：月刊錦鯉提供／時事）

ニシキゴイは日本原産の観賞魚で、高級魚では1匹数千万円以上もの値がつくため、「泳ぐ宝石」とも呼ばれてきた。新潟県が発祥で、いまも業者の6割が集中する。
ニシキゴイは新潟県が本場で食用として主に生産されていたが、マゴイ（真鯉）の突然変異で生じたシロコイ（白鯉）、ヒゴイ（緋鯉）、キゴイ（黄鯉）などを相互に交雑させ、改良を重ねて作られた。明治時代にドイツゴイが輸入されて変異の幅が拡大された。

長年、多くの日本人に一種のステータスシンボルとして親しまれてきた。故田中角栄元首相が東京・目白邸にニシキゴイの池を作っていたことが有名で、各地域では土木業者などの自宅に池があるというのが一般的なイメージだった。

ただ、近年では都市部を中心とする地価高騰で、自宅の庭に池を作る人が減少し、かつてほどは見られなくなった。現在、養鯉業者からなる全日本錦鯉振興会は自宅の中や家の庭で育てられるよう、中小型の水槽を使って国内で販路を拡大しようとしているが、かつてのようなゴージャス感はなく貧相な感じは否めない。

一方、海外での人気は近年高まっており、中国や香港、タイなどアジア向けの輸出が伸びている。財務省貿易統計によると、2018年の輸出額は15年前の3倍以上となる43億円に上った。かつてはイギリス、ドイツ、オランダ、アメリカなどの欧米諸国が中心だったが、アジア諸国の急速な経済発展が背景となっている。

近年のニシキゴイを取り巻く状況について、中国の顧客とも取引がある新潟県の養鯉業者はこう明かす。

「中国人のお客さんが増えてきたのは、大体10年くらい前からですかね。ニシキゴイといってもピンキリで、安いものは1匹数百円からありますし、高いものだと1匹1000万円以上するものもあります。

1000万円以上の高級魚となると全体の1％くらいですが、この部分のおよそ8割を外国人、特に中国人富裕層が所有してます。中国にも日本文化が好きな人がいて、日本庭園を造るとき、『やっぱりニシキゴイがなくちゃ』と考えるみたいですよ。

また彼らにとっては、日本の品評会で勝った鯉を持つのがブランドになるみたいで、育てるのは日本国内で、という契約にしています。サラブレッドみたいなものですね。

もちろん生き物ですから、売却したあとに死んでしまう場合もありますが、購入から1年以上経過した場合はおとがめなしということがほとんどです。日本である程度実績を上げたニシキゴイを、中国の自宅に戻して鑑賞するという人が多いです」

国内で飼育委託されている分を入れれば、ニシキゴイマーケットは財務省貿易統計の倍以上、

100億円規模の立派な「輸出市場」になるという。

事実、全日本錦鯉振興会が毎年開催する品評会では、2019年2月に開催されたものを含めた直近5回のうち、中国人が所有するニシキゴイが4回優勝している。

「実はこの5回のうち、1回だけ日本人オーナーの持つニシキゴイが優勝したのですが、これを中国人オーナーが買い取って再出品したのが、5回目で優勝したニシキゴイなんです。

このコイは、昨年(2018年)に広島県三原市で開かれたオークションで、約2億円という史上最高額で落札されたものです。この時はさすがに異例の高値ですから、現地に集まった国内外のバイヤーの反響はすごかったですね。

(大手寿司チェーンの)「すしざんまい」が、今年(2019年)の初競りでクロマグロを史上最高額の約3億3000万円で落札していましたが、マグロはあくまで売り物ですからね。その点、ニシキゴイは解体してお店で出すわけでもないですから、贅沢品としての性格は余計に強いと思います」(前出の養鯉業者)

近年では、ブラジルやアラブ諸国などからも引き合いが増えているという。

自民党「ニシキゴイ議連」に集まる大物たち

そんな中、自民党もニシキゴイの輸出振興を進めようと、2019年2月に「錦鯉文化産業振興議員連盟」を立ち上げた。

議連の会長には浜田靖一元防衛相が就任し、顧問には麻生太郎副総理兼財務相や二階俊博幹事長など、錚々たる顔ぶれが並ぶ。議連の目的は、ニシキゴイを日本の「国魚」に指定することだ。ニシキゴイの国魚化は、代表的産地の一つである新潟県旧山古志《やまこし》村の村長を務め、その後衆議院議員に転身した故・長島忠美《ただよし》元復興副大臣の悲願だった。

自民党本部の1階ロビーにある幅約1メートルの水槽には、手の平サイズのニシキゴイが泳いでいるが、これは2017年に亡くなった長島氏をしのんで置かれたものだ。「ニシキゴイ議連」の総会で、長島氏が所属した二階派会長の二階幹事長は「他のことなら穏やかな長島先生ですが、ニシキゴイのことになると他の追随を許さない迫力があった。先生の思いを世界に知らしめ広げたい」と挨拶した。

また、総会に出席した新潟県の花角英世《はなずみひでよ》知事も「国魚として認めていただくことが、海外から多くの方を呼び込む魅力として、世界に確固たる地位を築けるのではないか。東京オリンピックや大阪万博も予定されている中、権威付けをいただきたい」と訴えた。

ただ水産庁によると、いまのところ特定の魚を「国魚」と指定する制度はない。議連は何らかの形でニシキゴイを「日本を代表する魚」とするよう政府に働きかける方針だ。

「ニシキゴイ戦略特区」が生まれる？

議連のもう一つの主な目的は、ニシキゴイの生産能力を高めるため、農地法などの規制緩和を行うことだ。現在の制度では、農地で養鯉業を営む場合、現地の農業委員会に転用の届けを出して許可を得る必要がある。そこで、議連は国家戦略特区制度を活用して、農地を養鯉池に転用しやすくする方針という。

新潟県のニシキゴイの主要産地である小千谷《おぢや》市と長岡市は、これまでも政府に対して「中山間地域では水稲栽培が集約化できないため効率化が難しい。農家の高齢化とも相まって、耕作放棄地の増加が問題となっている」などと主張し、特区指定を求めてきた。

また２０１７年11月30日に行われた政府の国家戦略特区ワーキンググループのヒアリングでも、「(農地を）養鯉池に転用できれば、従来以上に外貨獲得に貢献できる上、雇用創出などにもつながる」との考えを示している。

しかし、政府は規制緩和に慎重な姿勢だ。農地法を所管する農水省職員は、こう明かした。

「一度緩和を許してしまえば、転用した農地からすぐに業者が撤退してしまう、といったケースが頻発した場合、農地がさらに荒れることにもなりかねません。国家戦略特区は特定地区で実験的に規制緩和して、成果が出れば全国にも拡大するという趣旨の制度ですから、影響の大きさを考えると慎重にならざるを得ない」

一方、議連幹部の自民議員はこの農水省の言い分に否定的だ。

「農水省としては、ニシキゴイよりもコメを作ってほしいというのが本音だろう。余り気味の主食用米から業務用米や飼料用米へ生産を徐々に転換する、『水田フル活用』に予算をつけて舵を切ったばかりなこともある。

ただ、コメ作りが難しくなった地域でも無理矢理コメを作らせようという政策には無理があるのではないか。養鯉は、エサさえしっかりやっていればそれほど手間はかからないし、海外需要が旺盛な今なら確実に儲かる商売だ。アジアだけでなく、ヨーロッパにもまだ伸びしろがある。地元の雇用対策という点からも、規制緩和は不可欠だ」

先の新潟県の養鯉業者も「もし国が新潟県全体を含めて特区指定をしてくれれば、すぐにでもニシキゴイの生産能力を今の2倍以上に引き上げられる」と自信をのぞかせる。

海外の「不穏な動き」

だが最近では、日本国内で規制緩和をめぐる駆け引きが行われているのを横目に、日本から輸入したニシキゴイを中国で繁殖させて、販売する中国人業者が増え始めているという。広島県のある養鯉業者は、こう懸念する。

「最高級グレードのコイを育てる技術は向こうにありませんから、数百円から数万円までのグレードを育てて、中国国内やタイなどの東南アジア諸国で販売しているようです。単価がそれほど高くはないとはいえ、この価格帯はボリュームゾーンですから、早めにマーケットを取りに行かないと今後の輸出に影響が出てしまいます。

最近話題になっている和牛の国外流出でも、オーストラリアで外国人業者が『WAGYU』として繁殖させ、東南アジアのマーケットを取られてしまった歴史がある。あながち、中国産の『NISHIKIGOI』が海外で幅をきかせるようになる可能性が低いとは言えません」

日本文化を海外に発信するいわゆる「クールジャパン政策」の中でも、ニシキゴイは重要輸出品としての位置を占めている。アジアの富裕層向けを中心に販売単価も高く、輸出品目としての存在感は決して小さくない。

手を拱《こまね》いていれば、またしても日本の「ブランド農産物」で海外業者を儲けさせる事態になりかねない——。

密漁が横行するナマコ

「黒いダイヤ」——。

密漁品の高値取引が横行するナマコはこう呼ばれている。

日本では食習慣のある地方でしか食べられないが、中国では高級食材として珍重されるためだ。中国の経済発展にともない現地でのニーズが拡大し、「人気輸出商品」として密漁が増加している。

ナマコは日本では生のまま酢の物にして食べるのが一般的だが、中国ではスープで煮込むなどして食べる。日本のナマコは品質がよい上、イボが大きいことが中国では縁起がいいと評価は高い。2018年の加工品の輸出額は約210億円と、水産物ではホタテ、真珠、サバに次ぐ主力品目となっている。

北海道や青森県などが産地で、国内で乾燥処理などを施した上で主に香港へ輸出され、中国全土に販売されている。干しナマコの1キロあたりの輸出取引額は約2万8000円と高値で推移している。中でも、能登半島などで採れる、色の赤い「アカナマコ」は高級品で2～3割程度高額な値段で取引されるという。

香港の食品博覧会で販売される輸入乾燥ナマコ
（写真提供：EPA＝時事）

「罰金は入漁料、懲役は休漁日」

ナマコはかねてから、罰金を支払っても得られる利益の方が上回る密漁品として、暴力団の資金源となっていると指摘されてきた。

水産庁は漁業法の改正で、23年から罰金を現在の200万円から15倍の3000万円に引き上げることを決めた。密漁品を引き取る業者への罰則も新設し、流通面からも取締りも強化する方針だ。

この罰金引き上げの背景には、これまでの罰則がナマコの密漁は一度で数十万円以上稼ぐ者にとって軽すぎ、抑止力になってこなかったため、密漁者からは「罰金は入漁料、懲役は休漁日」と揶揄されてきたためだ。

ナマコ密漁の罰則は、現行では漁業法違反（無許可操業）による3年以下の懲役、または200万円以下の罰金となっている。

水産庁によると、2012～16年の5年間で検挙されたのは263件で、そのうち懲役刑になったのは50件、刑期が6ヵ月を超える者が34件で最長30ヵ月。実際には懲役刑が科されず、罰金のみの適用が多いことがうかがえる。

同じ期間で罰金刑を科されたものは244件で、10万円を超えるものが約6割の148件、最も重い者でも100万円だった。ナマコの密漁は上手くすれば一度で数百万円以上稼ぐこともできるとされる。

さらに、ナマコ密漁の摘発を困難にしているのが、現行犯での逮捕が原則となっていることである。刑法では窃盗罪で「他人の財物を盗むこと」が禁じられているが、海産物は所有者のいない「無主物」とされるため、窃盗罪での検挙はできない。そのため、漁業法違反で検挙することになるが、宝石や金とは違い、ナマコなどの海産物は指紋などの証拠が残らない。その上、獲ったナマコが「販売目的であること」を立証する必要もある。

たとえ密漁現場を押さえられたとしても、すぐにナマコを海に放り込み、投棄してしまえば「趣味で集めていただけだ」という言い訳が通る現状があった。

被害額1億9000万円の摘発事例も

理想的な摘発の方法は、ワゴンなどの運搬車両に積み込んでいる現場を押さえることである。しかし、ナマコの密漁グループは高度に組織化、巧妙化されている。

10人程度のグループで、夜間に漁港や砂浜などから無灯でゴムボートで海に出た後、ボンベなどの潜水具を使って1～2時間密漁し、ワゴン車に積み込んで現場を離れる。瀬戸内海では、高速船で無灯で航行し、取締船を探知する高性能レーダーを備えたグループもいた。

密漁の実行役だけでなく、見張り役、おとり役など分業化された手口は、海上保安庁などによる取締りを困難にしてきた。漁村で少子高齢化が進み、漁業者の監視が行き届かないことも課題となっている。

山口県では、愛媛県松山市三津浜などから出港したグループが、瀬戸内海沿岸の周防大島町などで年間に100日程度密漁をしているという。

密漁者は、地元の漁業者による稚ナマコの放流が終わる3月以降を狙い、4月、5月に集中して密漁を働く。近年は海上保安庁などの取締り強化により減少傾向にあるものの、アワビやサザエなどを含めた被害額は年間3億円程度に上る。

2015年には、青森県で暴力団組員らによる被害額約1億9000万円の摘発事例も発生しており、暴力団対策法による締め付けが厳しくなったことが、暴力団による密漁の増加の背景にあるとされる。

罰則強化で特筆すべきなのが、罰金額の引き上げが行われるだけでなく、摘発の際に「販売目的の密漁」であると立証しなくてもよくなった点である。これにより、都道府県の許可なくナマコを取っただけで検挙できるようになる。水産庁によると、潜水器を使った密漁は年間約30件しか検挙されていないが、この改定により、検挙数は増えるとみられる。

さらに、流通面での罰則も新設した。ナマコは卸売市場を通さず、加工業者と直接取引されることが多く、密漁品が出回りやすい。密漁品を割安で買い取る業者への罰則はこれまで存在せず、密漁ナマコの輸出の温床となってきた。

水産庁はさらに、国産ナマコの漁獲証明制度を２０２０年をめどに導入する方針を打ち出している。税関で、都道府県の漁業協同組合連合会が発行する原産地証明書の提示を求め、密漁品の輸出を排除する日本独自の仕組みだ。

地元漁村と密漁の深い関係

水産庁によると、密漁の摘発件数は２０１５年には漁業者が３９３件、非漁業者が１４３４件となっている。非漁業者とは観光客などを指すが、２００４年に初めて逆転するまでは漁業者が非漁業者を上回っていた。一見すると、非漁業者の密漁者が単純に増加したようにもとれるが、水産庁関係者によると「２０００年初めから水産庁が地元の警察などと協力して取締りを強化したため、それまで表面化しなかった観光客までが摘発されやすくなった」ということが理由らしい。

では、漁業者の摘発件数が著しく減っているのはなぜなのか？

北海道内の支局で勤務した経験のある全国紙経済部記者は漁村と密漁との関係についてこう指摘する。


「例えば、北海道のカニは禁漁期間が決まっていますが、その期間でもカニがなぜか食べられたり買えたりする自治体は少なくありません。

普通に考えればこんなことは明らかに『密漁』しているに決まっているのですが、警察も見て見ぬふりをしています。地元の収入がなくなれば、地元民の生活が維持できなくなるし、人口減や治安悪化につながりますからね。全国から海産物が集まってくる築地にしたって、そういった経緯で流通してきたものも出回っているのは公然の秘密でしょう。

ナマコは乾燥したり加工しないと輸出できませんから、加工業者とのつながりが必須です。当たり前ですが、加工業者が何をやっているかなんて地元漁村ではバレますから、よほど取り過ぎたりしない限り黙認されてきた経緯がある。かつてはそういうバランサーがあった。

こういった具合に漁業者が密漁するのは生活の必要にそった部分があるものもありますが、

縄張り意識の悪い部分で『よそのなら獲っていい』という考え方に基づいたものもあります。隣の自治体の漁村にわざわざ取りに行くとかそういうパターンですね。これはある意味戦争と同じで『漁師に捕まったら警察よりも怖い』と言われたくらいでした。

私が言いたいのは、『密漁』というのは漁村に根付いたものであって、もめたらお互いの漁村の政治家や顔役が治めていた。このフィクサー機能が弱っていることも漁業の衰退を引き起こしたとにらんでいます」

東北地区選出のある国会議員も「地元で『ナマコの密漁を根絶するには、買い手も叩く必要がある』と訴えたら、支援者の料理屋や業者は明らかに痛いところを突かれたようで、ギョッとしていた。密漁品を買っているな、と直感した」と話す。

また、瀬戸内地区の漁協幹部は「密漁が長く問題として取り上げられながらも対策が遅れてきたのは、事情に気づきながらも票離れを恐れて議員が何も言えなかったことや、密漁者が知り合いにいるから波風を立てたくない、といった地域の内情がある」と問題の根深さを指摘する。

密漁対策には、地元漁業関係者の協力が欠かせない。密漁が横行し漁業者の収益が減少すれば、廃業が進み、担い手不足に拍車を掛けることになりかねない。

取締りは当局と密漁団とのいたちごっこだ。罰則強化により、密漁の減少が期待される。

無料案内所から大量の「魚の切り身」が

ナマコに限らず、地方の漁村と密漁の関係は根深い。2019年にも、無料案内所から、麻薬ではなく「魚の切り身」が見つかる事件が発生した。

長崎県警と県漁業取締室は7月23日、長崎市内の居酒屋に密漁で得た魚介類を卸したとして、指定暴力団六代目山口組系組長の坂上明弘容疑者と、妻で居酒屋従業員の亜紀容疑者など5人を漁業法違反の疑いで逮捕した。

坂上容疑者らは共謀し、長崎市野母町の沖合で、許可を受けずに魚介類を密漁。長崎市の沖合などで、空気ボンベなどを使ってオオモンハタやタイなど計10匹を密漁し、違法に取った魚介類を妻が働いていた居酒屋に卸していた。

坂上容疑者らは、長崎県警察本部に近い港を拠点に「密漁船」を不法に係留していたとみられており、同県などが居酒屋近くの繁華街の無料案内所を家宅捜索した結果、冷凍された魚の切り身など約２００キログラムもの魚介類が見つかった。この案内所で、密漁した魚介類を加工したり冷凍保存したりしていたという。

約２００キログラムもの魚介類が繁華街の無料案内所から出てきたことも驚きだが、密漁品が販売されて暴力団の資金源になっている事実も話題を呼んだ。全国紙経済部のベテラン記者は、密漁の実態についてこう解説する。

「今回の事件のように、暴力団が密漁した魚介類を地元の居酒屋や旅館などが安値で買い取るケースは、根強く残っていると考えられます。

買う側は、密漁品だと薄々気づいていても、地方都市は景気が悪いので割安に魚介類が手に入れば助かるし、狭い地元社会の中で暴力団に睨まれないための、ある種のみかじめ料のような意味もある。

売る側が暴力団の密漁品だと明言しない限り、購入者は法律上『善意の第三者』ということになり、刑事責任は問われないことも、密漁品が蔓延する原因となっています」

ナマコのところで論じたように、1992年の暴力団対策法施行以降、資金源が断たれていった暴力団は、高級食材の密漁に手を染めてきた。地方都市では密漁に業者など一般人も関係している実態があり、これが根絶を困難なものにしている。

先のベテラン経済部記者は「漁業者による密漁は現金収入の足しにするなど、生活に根付いたものであることが多い」と指摘する。

分かっていても取締れない

地方漁業都市と密漁は、長年密接な関係にあったにもかかわらず、なぜ密漁品の対策はこれほど遅れているのか。自民党水産部会の重鎮議員はこう解説する。

「はっきり言うと、よほど大きな問題とならない限り、本気で摘発すると地元で票離れを引き起こす可能性があるから、という面が大きい。地方において漁業者は有力な組織票ですから、一律に『犯罪者』として扱ったり、正義感だけで切り込むのは、政治家としては利口とは言えません。

　実際、安倍晋三首相が２０１９年7月の参院選対策として、4月初めに全国の漁業者からなる全国漁業協同組合連合会（全漁連）の岸宏会長と会食して票固めを行ったことを見ても、彼らの集票力の重要性は明らかでしょう。少しずつ、罰則をきつくするなどの法改正を進めていくしか方法はありません」


　ただ、昨今の漁業人口の減少が密漁品をめぐる事情を変えつつある。水産庁によると、２０１８年の漁業就業者は65歳以上が約4割。２００９年以降、新規就業者は年間１９００人前後にとどまっており、漁業人口の減少は避けられない。

　先の自民議員はこう続ける。


「かつては漁村にも人がいて、地元経済が回っていました。要するに余裕があったから、密漁という不正も大目に見られてきたというわけです。

　しかし、誠実な漁業者の収入が密漁品の横行で減っていけば、漁業の担い手不足にさらに拍車がかかってしまう。そうなってくると、地元自治体の弱体化につながりますから、政治の側としても本気で動かざるをえなくなります。最近、密漁の取締りがにわかに騒がれ始めたのも、こうした事情があるのです」

暴力団の資金源根絶や水産資源の管理を進める上でも、正規ルートで獲れた魚介類の流通確保や、実効性ある密漁対策が求められるだろう。

第4章

サンマとウナギ

日本の国際競争力の低下

日本の国際競争力の低下で、かつてのように取りたい放題ができない状況になっている。その代表がサンマとウナギだ。

高級魚と化したサンマ

「サンマはもはや高級魚」――。毎年10月に旬を迎えるサンマだが、不漁によりここ数年は価格が高騰しており、手軽に食べられる大衆魚だった頃とは様変わりしてしまった。資源量自体がそもそも減少している中、台湾や中国の漁獲量の増加が、日本の食卓からさらにサンマを遠ざけているのだ。

サンマの価格が高騰している原因の一つは、中国や台湾の漁船が、日本近海に回遊してくる前のサンマを公海で漁獲してしまうことにある。

サンマの有力漁獲地である北海道の漁業関係者はこう嘆く。

日本の中型サンマ棒受網漁船（写真提供：共同通信社）

「昔は日本のライバルはいませんでしたから、公海で操業する必要もなく、排他的経済水域（ＥＥＺ）の中にサンマが泳いで来るのを待って漁をしていました。やっぱり冷凍してしまうと味が落ちますから、今でも公海でいっぱいエサを食べて脂が乗ったサンマを、ＥＥＺ近くで獲って氷蔵して港に持ち帰る日帰り漁のスタイルが一般的で、漁船も中小型がメインです。

対して、中国や台湾の船はハナから冷凍するつもりで、大型船で乗り付けて大量に獲っていくスタイル。脂が乗る前に一網打尽にされてしまうので、こちらとしてはたまったものではありません。日本が7月ごろから漁を始めるのに対し、彼らは通年でガンガン獲ってくるのも悩みの種でした。

業を煮やした水産庁は、今年（２０１９年）は操業開始を5月に早めましたが、漁船が小さく、舌の肥えた日本人は鮮度を重視するため、どこまで売り伸ばしの効果があるのかについては疑問が残ります。まだサイズの小さいサンマを根こそぎ獲ってしまうことになり、絶滅させてしまわないかという懸念も上がっています」

日本のサンマ漁船が小型船中心なことには、漁師たちの政治力も絡んでいる。漁業法とその関連政令によると、東京から北、本州から東の海域でのサンマ漁業は小型船の棒受網を使用せよと定められている。また、農林水産省令の第百条では同範囲で棒受網漁業以外のサンマ漁業は不可とされている。

この一見不合理な規定が残っているのは、零細ながらも数を抱える棒受網漁船の漁師たちが大型船の参入へ反対する働きかけによるものなのだ。

このため、日本のサンマ漁は中小型船がひしめくことになり、外国漁船がいる公海では太刀打ちが厳しい現状を生むことになった。

日本も冷凍・凍結設備を持つ大型漁船で操業する体質改善をする時代だとする主張も出始めている。ただ、大規模化するにしても、漁師は高齢化が進んでいて、経営面でも肉体面でも体力がなく、大型船で洋上で戦えるかと言われたら厳しい現実がある。船を造るにも1～2年かかるし、注文が立て込めば10年待ちもあり得る。そこまで待てる漁師がどれだけいるかという問題だ。

日本のサンマ漁を取り巻く現状はこうも入り組んでいる。

中国や台湾との激しい漁獲枠争い

さらに、日本近海で中国の違法漁船が活発に操業していることも、日本の漁獲量減につながっている。

水産庁によると、複数の漁船が同じ船名を表示しているものや、船名部分が塗りつぶされている船が確認されている。同庁関係者はこう解説する。

「中国の違法漁船によるサンマ漁獲量は５万トンとも言われ、サンマの資源管理を協議する北太平洋漁業委員会（ＮＰＦＣ）に申告している分と合わせると、15万トンと日本を抜いて２位になります。中国の漁船が日本のEEZのすぐ外で本格的に操業し始めたのは2015年くらいからですが、初めは放置していた中国共産党当局も、違法操業のあまりの拡大ぶりにかえって手を焼いているようです。

前回（2018年）のNPFC年次会合のメイントピックの一つは『違法漁業の取締り』でしたが、これは事実上の中国対策です」

日本のサンマ漁獲量は、最盛期の1958年には約58万トンと漁業資源を独占する状態だったが、2015年以降は10万トン前後まで激減している。

一方、2000年前後からは台湾の漁獲量が急増した。この時期から急速な経済成長を始めた中国への輸出を狙ったもので、2013年にはトップに躍り出た。当の中国でも、2012年ごろに共産党政府がサンマ漁への本格参入を政策的に後押しすることを決めたために、漁獲競争に一層の拍車がかかった。

水産庁によると、2018年の漁獲量は台湾が約18万トン、日本が約13万トン、中国が約9万トンとなっており、事実上この3ヵ国・地域で世界のサンマを漁獲していることになる。

2019年7月に東京で開かれたNPFCの年次会合。この場で日本や中国、台湾など加盟

８ヵ国・地域の合意の下、初めて地域全体でのサンマの年間漁獲上限を導入することが決まった。ただ、この「上限」は約55万トンと、２０１８年の漁獲量約44万トンを上回っており、本来の目的である「乱獲の防止」に有効とは思えない。全国紙水産担当記者によると、「ゴネる中国をなだめることが、今回の会合の至上命題だった」という。

「近年、中国はサンマの漁獲量を急速に伸ばしており、台湾、日本に次ぐ第3位まで上昇してきています。中国としては、獲れるだけ獲って旺盛な国内需要を満たしたいという立場ですから、日本が２０１７、18年の年次会合で国・地域別に漁獲上限を設定しようと提案した際にも猛反対しました。

水産庁も前回の感触を踏まえて、『国・地域別の漁獲枠にこだわると何も前進しない』と考え、今回は全体枠を設定することでよしとする戦略をとりました。中国側も枠が増える分には問題ないと考えたようで、合意にこぎ着けることができました」

台湾は、漁獲したサンマ18万トンの大部分を中国向けの輸出にあてており、中国の漁獲量9万トンと合わせると、現在北太平洋のサンマの半分程度を中国が消費していることになる。

中国でのサンマ人気の上昇

中国では、もともとサンマをかば焼き風に調理して食べるのが一般的だったが、近年の日本旅行ブームもあり、上海など都市部では日本と同様に塩焼きにして食べるケースも増えている。こうしたサンマ人気の上昇が中国の漁獲増の直接の原因と考えられるが、沿岸部の海洋汚染や乱獲により、「安心して食べられる食品」への需要が高まっていることも背景にあると考えられる。

前述のように、台湾が漁獲を本格化する以前は、サンマを常食していたのは日本やロシアなどごく一部の国だけだった。中国という「もう一つの大消費地」が生まれたことが状況を一変させたわけだ。

自民党の水産族議員がこう話す。

「中国に売り込もうと思って公海での操業を強化した台湾を、国際ルール上は批判できない。

当初は日本食の普及にも役立つと思われていたのに、いまでは日本人の取り分まで脅かすことになっているのだから、皮肉なものだ。日本の漁師が獲ったサンマが高くて食べられず、『日本近海で取れた台湾産冷凍サンマ』を食べるなんてことになれば、笑うに笑えない。

今後もＮＰＦＣで粘り強く交渉していくしかないが、漁獲トップの台湾は自分たちの取り分さえ確保できれば文句は言わないし、ロシアも同じ立場。韓国は大勢になびくから、中国を包囲していけば、日本の漁業者に申し訳が立つ程度の漁獲枠なら勝ち取れる。

ただしサンマの資源量全体は減っているとみられるため、交渉が遅れたり、環境保護団体が騒いでサンマが絶滅危惧種に指定されてしまうようなことがあれば、『ウナギやマグロに続き、サンマまで食い散らかした』として日本が批判されるのは必至だ。

資源管理を進めつつ自国の取り分も確保しなければならないという、非常に難しい交渉を水産庁は強いられている」

かつて隆盛を極めた「水産王国・日本」は「利潤追求と食欲」によって支えられてきたが、手ごろな値段のサンマもまた、ウナギやマグロと同様、東アジアで日本が圧倒的な経済力を誇った時代の産物だった。

トランプ米大統領の誕生と米中の対立や、日中・日韓関係の悪化など、国際情勢の変化が如実に影響するのが漁業の世界である。日本は現実を直視し、強まる制約の中で他国と折り合いを付けていくしかない。

中国人がサンマの味に目覚めたのは、彼の地の富裕層が日本旅行中にサンマを食べて感動し、帰国後に渇望したのが始まりだという。サンマの他にも、中国において日本の食材は人気沸騰中だ。特に富裕層が好んで求めており、彼らはもはや中国産の食材など口にしないと言われるほど。

この背景にあるのは、中国の食品衛生へのリテラシーの低さだ。残留農薬やメラミン入り粉ミルク、ネズミ肉などを使った偽装肉など多くの事件により、中国産の食品は国内でも信頼が失墜している。その点、品質管理が徹底され、異物混入の恐れもない日本米の人気は高い。中国でも米は主食の一つであり、日本食材の中でも日本米は需要が高い。日本の食材が好まれることは大変ありがたいが、その陰で違法な取引が出るのはいたしかたないのかもしれない。

専門店のウナギとスーパーで買えるウナギの差

ウナギを食べて夏を乗り切る――「土用の丑の日」は日本の風物詩だ。しかし、ニホンウナギの稚魚「シラスウナギ」の生息数が激減、価格が高騰していることが問題となって久しい。高齢者に偏《かたよ》るウナギ消費の実態、実入りのいい「副業」となっているシラスウナギ漁と横行する密漁、規制のための国際会議を欠席し続ける中国の事情……ウナギには「闇」がつきまとう。

一般的に、ニホンウナギは稚魚のシラスウナギを養殖池で約半年飼育し育てた後、卸業者に出荷される。現在、稚魚の養殖は実用段階になく、国内の不足分は輸入で補っている。

しかし2018年漁期（17年11月～18年4月）は、中国や台湾など東アジア全域で漁期が遅れたことでシラスウナギの調達が困難となり、取引価格が高騰。2019年（18年11月～19年4月）の池入れ量は前年の14・2トンを上回る15・2トンとなったが、国内採捕量は過去最低の3・7トンを記録し、4分の3が輸入品という状況だ。

水産庁によると、中国産など輸入品を含めたウナギ稚魚の2019年の平均取引価格は1キログラムあたり219万円と、極端な高値が付いた前年の299万円こそ下回るものの、それでも2年前の109万円と比べれば2倍以上。成魚の卸値も1キログラムあたり5000〜5500円程度と、平年並より1割ほど高い。

うな重を専門店で食べると5000円程度の予算が必要だが、ただでさえ高いウナギがさらに値上がりすれば、庶民には手が出なくなるのも当然だ。

一方、近年では牛丼チェーンやスーパーで、1000〜3000円と比較的手軽に楽しめるウナギも出回っている。専門店と、なぜここまで価格差があるのか？　水産専門誌記者はこう解説する。

「牛丼チェーンで提供されているウナギは、ほぼ間違いなく中国産です。中国で成魚まで育てたウナギを輸入するパターンで、人件費や加工賃、エサ代を抑えられるため、価格も安くできるのです。

一方、「日本産ウナギ」は稚魚から日本の池で育てたもので、専門店で提供されるものがほとんど。中国産も日本産も、稚魚まで遡《さかのぼ》れば同じものですが、専門店では職人が手で焼くので、そこでも付加価値が上乗せされるというわけです」

しかし、最近では日本国内でのシラスウナギ採捕量が激減し、中国などから稚魚を輸入しているることは前述した通り。「国産（日本産）」なのか「中国産」なのか、消費者には分かりにくい。

「実は、日本の食品表示法では、スーパーなどの小売店には原産地表示が義務づけられていますが、飲食店にはその義務がありません。大手牛丼チェーンが肉の産地を示しているのもあくまでその会社の方針にすぎませんから、ウナギも同様に、専門店が産地を表示する義務はないのです。

そのため、悪質な店では『国産ウナギあります』と店頭に書いておいて、実際には中国から成魚の状態で輸入したものを提供することも多いようです。店の裏にでも『国産ウナギ』が置いてあれば、ウソじゃないですから（笑）。

ウナギ業者の中には『本当に国産を食べたいなら、店で食べるよりスーパーで買った方がいいよ』という声もあるくらいです。ランチで１５００円程度で食べられるウナギは、まず日本産ではないでしょう」（前出・専門誌記者）

シラスウナギの密漁

前述のように、1キログラムあたり200万円以上で取引されるシラスウナギが、「白いダイヤ」と呼ばれて密漁のターゲットにされ、暴力団の資金源となっているとの報道を耳にした方も多いだろう。

シラスウナギの漁期は毎年おおむね12月～翌4月。東海や九州など24都府県の冬の河川や海岸線で漁が行われる。方法は、遡上してくるシラスウナギをひたすら網ですくったり、河川に仕掛けた小型の定置網で採捕したりするのが主流だ。

漁業権については、都府県知事が特別に地元住民からなる「採捕組合」に許可を出し、その組合員でないと捕れない仕組みになっている。シラスウナギ漁に参加しているという、東海地方在住の40代会社員に話を聞くことができた。

「漁に参加したい場合は、地元の組合に届け出て、簡単な面接のあとに参加費を払う必要があります。私の地元では40代以上が中心で、会社員から農家まで、普段はいろんな仕事をしている方が副業として参加してますね。私は仕事が終わってから夜10時くらいまで、遅くなると0時ごろまでやってます。

元手は捕獲網などの装備品にかかる５万円程度なので、それほどハードルが高いわけではないですが、問題は寒さですね。真冬の夜の川に浸かるわけですから、正直シンドイ。獲れ高もウナギの気分次第で、毎年安定してたくさん獲れるとは限りません。

ただ、当たり年だとワンシーズンで高級車が買えるくらいの収入を得ることもできます。まあ、頑張って月々40万円稼げれば上出来といったところでしょうか。

地方はどこでも過疎と高齢化が進んでいるので、シラスウナギ漁が若者を呼び込む意外な手段になるかもしれませんね」

集魚灯をともし、川面に浮かび上がるシラスウナギ漁の船（写真提供：共同通信社）

シラスウナギは、長さ約6センチメートル、重さ約0・2グラムと爪楊枝程度の大きさで、少量の水があれば持ち運べるため、実は採捕者が全国で約2万人を超える隠れた人気産品だ。1人あたり1日数グラムと極めて少量しか獲れないことが、採捕量の管理が非常に困難な理由になっている。

ある養鰻業者は、「密漁ウナギ」が流通する背景について明かす。

「河川などで捕れたシラスウナギは仲買業者に渡り、そこから養殖業者へ渡っていきます。この過程で、自治体に申告されていない分を仲買業者がこっそり買い取り、裏ルートで養殖業者に売るのが、いわゆる密漁品です。

1990年代までは、シラスウナギの流通管理はザルでした。養鰻業が盛んな宮崎県では、1995年に『うなぎ稚魚の取扱いに関する条例』を制定して密漁品の排除に当たっていますが、それまでは県内採捕量の約7割が密漁品で、許可を受けた漁民が採捕した中からも3分の2が非正規ルートで流通しており、正規ルートでの供給がわずか1割という悲惨な状況でした。

もちろん、裏で取り仕切っているのは暴力団で、非正規ルートのシラスウナギは平価の3倍以上で買い取られていたようです。九州のある県には、当時荒稼ぎした『シラスウナギの帝王』と呼ばれる大物がいて、フェラーリを複数台保有するほど儲けていたのは業界では有名な話です。

今では問題が表面化して全国の自治体も管理強化に乗り出したため、密漁自体は減っているでしょうが、根絶されたわけではないでしょう」

業界では「暴力団の資金源」という悪いイメージを払拭するため、全国の仲買業者で構成される「日本シラスウナギ取扱者協議会」が18年に発足した。

シラスウナギを漁獲した場所や時期などを「産地証明書」の形で記録して養殖業者に伝え、取引の正常化を図るのが活動内容だが、業界関係者からは「第三者の監査ではない上、仕入れの段階でウソをつかれれば、証明書の正当性を証明するのは難しい」と実効性に疑問の声も上がっている。シラスウナギの流通管理は、まだまだ課題山積の状況だ。

ウナギでも始まる中国とのつばぜりあい

近年、シラスウナギの激減は国際問題になっており、2012年からニホンウナギを利用する日本、中国、台湾が協議を開始した。韓国もその後加わり、14年9月には拘束力のある法的枠組みを検討することなどを盛り込んだ共同声明が出された。

この声明では、4ヵ国・地域の上限量が定められ、中国が最多の36トン、日本が21・7トン、韓国が11・1トン、台湾が10トンとされた。しかし、15年以降の会合は中国が5年連続で欠席し続けており、協議が進まなくなった。水産庁関係者はこう明かす。

「中国は14年の段階では漁獲上限の制定に前向きだったのですが、15年になっていきなり、政府代表が『帰る』と言い出したのです。その直前には別の会議に普通に出席していたのに、驚きました。

世界で最も沢山シラスウナギが捕れる中国からすれば、規制なんて鬱陶しいというのが本音なのでしょうが、どうも事情はもっと複雑なようです。

中国国内でもウナギの消費量が伸びている中で、絶滅危惧種として取引が規制されているにもかかわらず密漁品が横行している『ヨーロッパウナギ派』と、『ニホンウナギ派』との間でどうやら対立があるらしく、それで国内の関係者がまとまらないようなのです。両派閥ともに販売量を減らしたくないようなので、中国のボイコットはまだまだ続くでしょう」

なぜウナギは激減したのか

しかし、そもそもウナギはなぜここまで激減してしまったのか。

中国や韓国での需要が伸びているせいだ、とみる向きもあるが、様々なファクトを検討してみれば、結局は「日本人が後先考えずに食い散らかしてきたから」というほかないのが実情だ。

かつては専門店で食べる高級品と位置づけられていたウナギだが、まず1990年から2000年前後にかけて消費量が激増した。パック技術の発達や、商社による中国での養殖が進み、スーパーや牛丼チェーンで提供されるようになったのはこの頃だ。

その過程で、安価な輸入ウナギのメインだったヨーロッパウナギが、2008年に深刻な絶滅危惧IA類に指定された。さらに09年にはワシントン条約の附属書IIにも載り、許可なしでの取引が全面禁止されたため、ニホンウナギが次の「標的」となった——というわけだ。全国紙経済部記者はこう話す。

「シラスウナギの高騰は、元をたどれば日本人のエゴが原因です。中国や台湾などから、『日本は今まで散々ウナギを食べておいて、今更なんだ』と言われても仕方ありません。

2019年4月の会議でも、シラスウナギの輸出が禁止されているはずの台湾産のウナギが香港経由で日本に入ってきていることが問題視されましたが、そうした不正取引の根っこには、日本人の度を越した食欲があると言わざるを得ない」

われわれ日本人は、過去にヨーロッパウナギを食べ尽くしたことを反省するどころか、密漁・密輸が横行し暴力団など反社会的勢力を潤し続けている現実を省みもせず、毎年ウナギを食べ続けている。

ウナギのかば焼きは恵方巻きと並び、季節モノの食品ロスの代表格とも言われる。だが本当に、そこまでして日本人はこれからもウナギを食べたいのだろうか。
海外での消費量増加を嘆く前に、まずは自分たちの足元を見直す必要がありそうだ。

第5章

マグロとクジラ

環境保護団体の圧力

食をめぐっては必ずしも国だけが相手になるのではない。その筆頭がNGOなどの環境保護団体だ。マグロとクジラはその標的にされてきた。

台湾からマグロ枠を譲ってもらったが……

「このままだとクロマグロが日本のスーパーから消えるかもしれない」

ある水産族の自民議員はこう嘆く。2019年9月初めに開かれたクロマグロの資源管理をめぐる国際会議で、日本が主張した捕獲枠の増枠が主に米国の反対で実現しなかったためだ。その影には、圧倒的な政治力を持つ環境保護団体もちらついている。

国際会議「中西部太平洋まぐろ類委員会（WCPFC）」の北小委員会が2019年9月3日に米国ポートランドで開かれた。

日本をはじめ、米国や中国、台湾、韓国など10ヵ国・地域からなるＷＣＰＦＣの北小委は、２０１５年から参加国に資源減少を理由として、マグロ類の漁獲上限を導入している。

2019年に開催された中西部太平洋まぐろ類委員会の様子
（写真提供：共同通信社）

今回、日本は「すでに資源量は回復している」と主張して漁獲上限の引き上げを求めたが、環境保護を訴える米国側が強硬に反対し、実現しなかった。

日本のクロマグロ漁業者、特に沿岸で操業する中小業者にとって、漁獲上限の導入は死活問題だ。専門紙記者はこう話す。

「クロマグロは１キログラムあたり平均５０００円前後、１匹で数百万円～最高級品になると数千万円になる高級食材です。漁業者からすれば、１匹獲れるか獲れないかでその年の生活が大きく左右される魚種だと言えます。

クロマグロの漁業者は大きく分けて、30キログラム以上の大型魚を狙って沖合漁業を営む大手業者と、30キログラム未満の小型魚を狙う沿岸漁業の中小業者に分かれますが、WCPFCによる漁獲上限は小型魚の方が厳しく設定されている。漁業者の体力からしても、中小業者の経営に与える打撃が遙かに大きい。

昨年から、もし都道府県が持つ枠を超過して漁を行った場合には3年以下の懲役または200万円以下の罰金が課されるようになり、獲り過ぎを警戒して思うように漁獲量を確保できない事情も出てきました。この窮状に、2018年6月には中小業者が『大手業者の有利な漁獲枠を見直せ』と訴えて水産庁前でデモをするほど、不満が溜まっています」

今回のWCPFCでは日本の漁獲枠の増枠は実現しなかったが、水産庁は台湾から枠を譲ってもらう形で、国内業者に対する責任を果たした格好となった。自民党の水産族議員はこう解説する。

「何の成果もなしで帰国したら、水産庁は確実につるし上げに遭いますから、台湾と必死で交渉したわけです。実は、大型漁業者からなる業界団体は水産庁の有力な天下り先になっており、退職後のポスト確保という事情もある。モチベーションは嫌でも高まったことでしょう。ただ、今回はたまたまうまくいっただけで、来年以降も漁獲枠を譲ってもらえる保証はありませんし、何より台湾に大きな貸しを作ってしまった。台湾は、サンマやウナギなど他の魚種でも交渉しなければならない相手なだけに、今後どんな譲歩を迫られるか心配です」

強力な圧力団体の存在

それにしても、なぜ米国はマグロの漁獲にこれほど反対するのだろうか？

現地で会議に参加した関係者によると、「米国では、クロマグロは主にスポーツフィッシングの対象のため食べ物としてみる意識が希薄なこともあるが、それ以上に、豊富な財源をもつ環境保護団体が、現地で直接交渉団に圧力をかけられるほど米政府に深く食い込んでいる」ことが理由だという。

その環境保護団体とは「ピュー慈善財団」。世界有数の総合エネルギーメーカーである米国スノコ社の創業者一族によって設立され、ワシントンに本部を置く。

環境だけでなく、文化や教育など幅広い政策分野について調査・政策提言を行っており、年間活動費は数百億円規模。日本の業界団体の1億円にも満たない活動資金からすれば、桁違いの超強力ロビー団体だ。大統領選などに際し、大規模な世論調査を行う「ピュー研究所」の運営母体としても知られる。

先の関係者によると、今回のWCPFCにおいても「(ピュー慈善財団のスタッフは)米国側の意思決定メンバーのミーティングにも参加しており、まるで政府の一員のようだった」。

また、先の自民議員も「米政府がクロマグロの保護について大きな関心を抱いているというよりも、この団体がロビー活動として政府や与党に資金面での援助を行っていることが、米国が日本に反対する大きな原因だろう」と分析する。

同議員は「クロマグロを第二のクジラにしてはいけない」と危惧している。

もっとも、クロマグロの資源量減少が深刻を極めているのも事実だ。

水産庁によると、繁殖能力のあるクロマグロ親魚の資源量は1961年の約17万トンをピークに減少が続いており、2010年に約1万2000トンと激減。2014年には国際自然保護連合（ＩＵＣＮ）から絶滅危惧種に指定されている。

現在、日本人は世界のクロマグロの約８割を消費しているとされ、各国から批判されても反論できない立場にあるのだ。


なぜここまでクロマグロ消費が増えたのだろうか？

それは、残念ながら「日本人が食い散らかしてきたから」としか言いようがない。水産庁関係者がこう解説する。


「スーパーと回転寿司チェーンが増えたことにより、１９８０年ごろから２０００年代をピークにクロマグロの需要が急拡大したことが原因です。

高級寿司店で提供される高価格帯の生鮮マグロと違って、冷凍クロマグロは価格を低く抑えられるため、一般消費者が手の届く商流に乗りやすかった。

また冷凍クロマグロは刺身や寿司として売られるので、賞味期限は短期間に限られるのですが、とにかく店頭に刺身を常に並べておきたい量販店や回転寿司チェーン側の要望に商社と漁業者が応えた結果、瞬く間にクロマグロの資源量は激減していったのです。

日本では食品全般でロスが多いことが問題となっていますが、当時はそういう意識も希薄で、歯止めがかからなかったことも拍車をかけました」

高級食品だったウナギがスーパーや大手牛丼チェーンで安価に売られるようになって消費量が激増し、絶滅危惧種に指定された経緯は第4章で報じた。クロマグロについても、構図は全く同じである。

日本は2020年に発表される最新の資源評価をもとに、クロマグロの漁獲枠増枠を改めてWCPFCの北小委で訴える方針だ。ただ、資源保護を強硬に訴える米政府や環境保護団体との交渉は、困難を極めることは間違いない。

これまで資源の保護を考えず食い散らかしてきただけに、いくら中小漁業者の生活がかかっているからといって、増枠を単純に主張しても国際的な理解は得られないだろう。ウナギよりも日常的に量販店で売られているクロマグロについては、食品ロスに対する意識をより強く持たねばならないことは言うまでもない。

かつて隆盛を極めた「水産王国・日本」が、実際は後先考えぬ「利潤追求と食欲」によって支えられてきたという事実を直視し、体質を改めなければ、日本のマグロ漁業はより厳しい状況におかれることとなるだろう。

商業捕鯨を再開した日本

環境保護団体の敵にされてきた日本の海産物といえば、クジラをおいて他にない。

日本政府は２０１８年12月、クジラの資源管理について議論する国際捕鯨委員会（ＩＷＣ）を脱退し、商業捕鯨を再開することを決定した。商業捕鯨停止から30年以上、再開を訴え続けてきた捕鯨関係者や水産庁にとっては「悲願の脱退」となり、２０１９年７月には日本の領海と排他的経済水域（ＥＥＺ）に限定して約31年ぶりに再開した。

７月１日、捕鯨基地のある北海道釧路市と山口県下関市で捕鯨船の出港式が開かれた。

商業捕鯨には、下関港を出発して、領海とＥＥＺ内の沖合で数ヵ月間操業する母船式捕鯨と、釧路市や宮城県石巻市などを拠点に日帰りで操業する沿岸捕鯨の二つの方式があり、それぞれの船が操業を開始した。

水産庁が同日発表した捕獲枠は、2019年の捕獲上限を227頭、2020年以降は383頭とする計画だ。ニタリクジラやミンククジラなど、いずれも「推定される資源量の1%未満」を基準に算出している。

ただ、これまで行っていた調査捕鯨では、南極海で333頭、北西太平洋で304頭、計600頭以上を年間で捕獲していただけに、半分以下になる。同庁によると、「100年間捕獲を継続しても資源に悪影響を与えないとIWC科学委員会が認めた、極めて保守的な基準」という。

追加船舶の増強もなく、淡々と再開された商業捕鯨だが、危惧されていた日本に対する国際的批判は、ごく一部の欧米メディアで取り上げられたのみで「ほぼ無風」の船出となった。

1日の両出港式にはオーストラリアなどから複数の海外メディアも取材に駆けつけたが、取り上げた記事は少なかった。6月28、29日に大阪市で開かれた20ヵ国・地域（G20）首脳会議が直前にあったため、捕獲枠の発表をぎりぎりまで伏せていたことも功を奏したようだ。

こう着が続いていたＩＷＣ

捕鯨問題になじみのない読者のために、少し背景について説明したい。

ＩＷＣは１９４８年に「クジラの保護と持続的な利用」を目的として設立された国際機関で、１９５１年に加盟した日本を含む、世界89ヵ国が加盟していた。

設立当初はその全てが鯨肉や鯨油などクジラを「利用する」立場だった。しかし、１９６０年代に入るとイギリスなど欧州各国が捕鯨から撤退し始め、次第に日本をはじめとした捕鯨支持国に対する強力な反捕鯨キャンペーンを張るようになり、１９８２年には商業捕鯨の一時停止（モラトリアム）が採択された。

これを受け、日本も１９８７年に商業捕鯨を中断したが、その後まもなく「捕鯨再開の準備として、生息数などの科学的データを収集する」ことを目的とした調査捕鯨を始めた。

日本は「科学的調査を通じて、ミンククジラなどの鯨種では捕鯨が続けられるだけの生息数がある」と主張して捕鯨再開を30年以上求めてきたものの、動物愛護を主張する反捕鯨派に阻まれ、このＩＷＣで否決され続けてきた。

現在、ＩＷＣでは捕鯨支持国・中間派と反捕鯨国の間でほぼ勢力が拮抗しており、何も決まらない膠着状態が続いていたというわけだ。

日本政府はＩＷＣ脱退を決めた18年12月末、菅義偉《すがよしひで》官房長官が談話を発表し、「保護のみを重視し、持続的利用の必要性を認めようとしない国々からの歩み寄りは見られない」と理由を明らかにした。これまで捕獲調査してきた南極海・南半球では商業捕鯨を実施せず、ＩＷＣにおいては、脱退によって総会での議決権は失うが、オブザーバーとして関係を維持する方針をとることが決まっている。30年ぶりに商業捕鯨再開を決めた最大のきっかけは、２０１８年9月にブラジルで開かれたＩＷＣ総会だった。

脱退を決めたブラジルの国際会議

「40年以上外交官をやっているが、こんなに汚い言葉で罵倒し合う国際会議は初めてだ」

9月中旬にブラジルで開催された、クジラの資源管理を議論するＩＷＣ総会。反捕鯨国のコロンビア代表は、呆れつつこう言った。

ＩＷＣ総会は2年に1回開かれるのだが、近年その模様は、捕鯨支持国と反捕鯨国の間の「罵り合い」と言っても過言ではない悲惨な状況となっていた。

最重要の論点とされる商業捕鯨再開について、捕鯨支持陣営のリーダーである日本が「健全な資源量の鯨種については、持続可能な範囲で捕鯨を始めるべきだ」と主張すると、反捕鯨国の中でも最強行派であるオーストラリアが「わざわざクジラを殺さなくても、ホエールウォッチングなど、ビジネスとしてクジラと付き合っていく道もあるのではないか」「鯨肉の需要は減っている。日本の調査捕鯨も、国の補助金に頼っている（商業的に成り立っていない）ではないか」と、真っ向から反論。

アジアやアフリカ、オセアニア、カリブでは捕鯨支持国が多数派の一方、とりわけヨーロッパでは反捕鯨国が圧倒的で、アイスランドとノルウェー、デンマークを除いて残らず反捕鯨の立場だ。

「商業捕鯨は食の安全保障のために必要」と主張するケニアや、「（十分な生息数という）科学的根拠を無視しているようでは、環境保護主義とはいえない。『クジラは特別な動物だから殺してはならない、他の動物とは違う』という欧米の文化的な好みを押しつけるべきではない」と主張するアイスランドなど、日本を支持する国ももちろんいる。

だが、反捕鯨のEU代表が「（調査捕鯨は）グローバルな海洋資源を守る努力を損なう」と主張すれば、ニュージーランドも「今の日本の捕獲調査に正当性はない」と加勢。南米のコスタリカも「鯨類は大きな動物だから、繁殖のペースが緩い。商業捕鯨再開はありえない」と反捕鯨の主張を後押しした。議場の雰囲気は、反捕鯨陣営が完全に支配している状況だったという。


こうした対立を目にして、多くの日本の読者が抱くであろう素朴な疑問が、「そもそも反対派は、なぜそこまで捕鯨を強く糾弾するのか？」ではないだろうか。

欧米各国も、例えば宗教戒律による食のタブーは積極的に容認する国が少なくない。なぜクジラだけが特殊なのだろうか。

私が取材を進めてみて分かったのは、結局、欧米各国が捕鯨支持国を糾弾する最大の理由は――身もふたもない言い方になるが――「世論が支持するから」である、ということだ。

そもそも、現在欧米でマジョリティとなっている「捕鯨＝悪」という世論は、１９６０年代から活発化した環境保護運動によって形成されたものといえる。当時、日本は高度経済成長のまっただ中にあり、アメリカを筆頭に欧米諸国との間で貿易摩擦を抱え、国際的バッシングを受けるようになっていた。

一方で、欧米では長引くベトナム戦争への反発を背景に、60年代から環境保護の思想が一般にも広まっていった。1962年にはレイチェル・カーソンの『沈黙の春』が社会に衝撃を与え、1972年には国連人間環境会議が開かれるなど、エコロジーが「先進国の常識」となったのが、まさにこの時代だ。

とりわけ、中心的なイシューの一つとされたのが捕鯨だった。アメリカのニクソン大統領は1971年に海洋哺乳動物保護法を制定し、率先して捕鯨禁止に舵を切っている。背景に、大統領と環境保護団体の政治的結びつきがあった、と指摘する向きもある。

さらにこうした社会情勢の中で、欧米における捕鯨批判とジャパン・バッシングの世論が接続していった側面も否めない。

世界の環境保護団体は、ロビイストとしての顔ももつ。政治家や自治体に対して環境保護を重視する政策を提言する一方、たとえば捕鯨支持国の観光地へ行かないよう呼びかけたり、彼らの立場に沿わない政治家や企業のネガティブキャンペーンを張ることもある。

政治家たちは支持を得たいし、環境保護団体に目をつけられることも避けたいから、あえて「捕鯨賛成」を唱えるはずもない。こうした経緯があって、いまや欧米では、反捕鯨の世論は動かしがたい状況だ。

話をブラジルでの総会に戻そう。

日本はこの時、資源が豊富な鯨種に限って商業捕鯨を再開すること、またＩＷＣ総会での決議要件を一定の条件付きで緩和することをワンセットで提案した。

ＩＷＣでは、商業捕鯨再開のための捕獲枠の決定や、反対に禁漁区を設定するといった際には、総会に参加した国の４分の３以上の賛成が必要になる。全加盟国89ヵ国のうち、捕鯨支持国41ヵ国に対して反捕鯨国48ヵ国となっていたため、日本などの捕鯨支持国が商業捕鯨を再開しようとすることは事実上不可能である。

アメリカ、ＥＵ、オーストラリアなど、裕福な先進国・地域が中心の反捕鯨国陣営に対して、捕鯨支持国はアジア・アフリカの途上国が多数を占めており、外交力や資金力の面で大きな開きがある。日本はアフリカ諸国を捕鯨支持陣営に引き入れているが、劣勢が逆転できるわけではない。そこで、「４分の３以上の賛成」という決議要件を、過半数まで引き下げることを提案したのである。

総会には、東京海洋大の森下丈二教授が日本人として約半世紀ぶりに議長を務めるなど、再開への機運がかつてなく盛り上がっていた。代表団も自民党捕鯨議連から、浜田靖一元防衛相、鶴保《つるほ》庸介元沖縄・北方相、江島潔参議院議員（捕鯨基地のある山口県下関市の元市長）ら重鎮が出席。公明や旧民進系議員も初めて参加したほか、水産庁と外務省のスタッフも倍増させて臨んだ。それだけ気合いが入っていたということだが、しかし案の定というべきか、空しく提案は否決された。

出席した谷合《たにあい》正明農林副大臣（当時）が「あらゆる選択肢を精査せざるを得ない」と脱退もほのめかした。

日本の提案は常に否決され続け、実現の見通しは立たなかった。水産族の自民議員は「自国の食文化が否定され続けてきた悔しさが、商業捕鯨再開に踏み切る原動力になった」と話す。

水産庁と捕鯨議連vs.外務省の「確執」

それにしてもなぜ、商業捕鯨再開のめどが立たないのは明らかだったにもかかわらず、日本政府がＩＷＣ脱退を決定するのに約30年もかかったのだろうか。

その背景には、反捕鯨国との対立だけでなく、水産庁と外務省の確執がある。

漁業現場を所管する水産庁にとって、商業捕鯨再開は長年、達成しなければならない大目標だった。一方、対外交渉全般を担う外務省にとっては、もはや衰退した捕鯨産業に肩入れし、反捕鯨が大部分を占める欧米諸国を刺激したくないのが本音だ。

両者の対立は、今回の総会でも如実に浮き彫りとなった。

水産庁は外務省に対抗するため、浜田氏ら捕鯨議連の重鎮を現地ブラジルに呼び込んだ。交渉にあたった関係者によると、議連メンバーが到着してから開幕前に現地で行われたブリーフィングで、外務省のスタッフは「昨今の国際情勢は、このようになっておりまして……」とやんわり捕鯨再開に向けた動きを牽制しようとした。

すると、議連メンバーの１人が「俺たちはガキの使いじゃねえぞ！」と叱責する場面があった、という。

もっとも、捕鯨議連の議員が政府代表団に同行することが決まり、外務省も陣容の充実を図っていた。通常は漁業室長クラスしか派遣しないところ、公明党衆議院議員の岡本三成外務大臣政務官（当時）を派遣することに踏み切った。

外務省スタッフが倍増したのも、捕鯨議連メンバーが脱退に向けて想定外の発言をした場合に備え、各国に説明するマンパワーを確保するためだ。総会の最中にも、外務省側から水産庁側に、捕鯨議連メンバーや職員の発言メモの提出が頻繁に要求された。交渉に当たった水産庁関係者は「まるで監視されているようだった」と振り返る。

商業捕鯨再開を許したくない外務省の思惑は、以前から捕鯨関係者の強い反感を買っていた。捕鯨を行っている自治体の幹部は「外務省はこの30年間、欧米諸国を刺激したくないという考えだけで動いていた。調査捕鯨の期限が切れるのを狙って、『調査理由がないから、もう捕鯨からは足を洗いましょう』という形でうやむやにしたがっていた」と断言する。

農林水産相経験者も、「外務省は常に『来るぞ来るぞ』詐欺。国益が何かを考えるのでなく、『国際社会から批判されますよ！』と言ってビビらせるのがお家芸です。外国のエリートを説得して目標を達成するより、国内で何もさせない方が簡単だし、リスクも少ないから。クジラの件にしても何にしても、同じですよ。いまだに対中国外交が自民党の二階俊博幹事長頼みなのが、交渉力のない証拠でしょう」と話す。

外務省はブラジルでの総会のあと、「水産庁と外務省とで、対立はなかったか」という報道各社の質問に対しては、「常に政府は一体です」（幹部）と苦し紛れの一般論に終始した。

和歌山が地元、二階幹事長の「圧力」

この総会終了後、政治主導でのＩＷＣ脱退の動きが加速する。

直後の10月、東京・永田町の自民党本部で開かれた捕鯨議連の会合では、鈴木俊一会長（前五輪担当相）が日本提案の否決を受け、「科学に目をつぶって、自らにない文化は否定する方が恥ずべき文化であって、認めることはできない」と主張した。

浜田氏は「わが国の立場を鮮明にして、脱退も含めて考えるべきだ」とも話し、「ＩＷＣ閉幕から何の方向性も示せていない現状には不満がある」として、外務省に脱退までの工程表の提出を求めた。

これに対し、出席した外務省幹部が「検討を深めている」とかわそうとすると、地元・和歌山県に捕鯨の伝統で有名な太地町《たいじちょう》がある二階氏が、「この場を逃れるために、いい加減なことを言っているとしか思えない。党をなめとる。緊張感を持って出てこい」と叱責。外務省側が縮み上がる一幕があった。

叱責された幹部は、会合の直後に片道6時間かけて太地町を訪問し、イルカの追い込み漁、捕鯨について三軒一高《さんげんかずたか》町長らと意見交換した。

事情をよく知る外務省関係者は、「二階氏から、現場を見てこいという圧力があった。マスコミにオープンの会合でやり玉に挙げたのは、これまでの外務省の姿勢に不信感があったからなのは明らか。二階氏から睨まれれば出世はなくなりますから、省益との板挟みに遭う幹部は、さぞ胃が痛くなったことでしょう」と振り返る。

外務省はアフリカや北欧などを中心とする捕鯨支持国の大使に対し、脱退に向けた背景説明を始めたが、ＩＷＣ脱退の期限となる年末ギリギリまで「脱退決定の通知を来年までなんとか延ばせないか」と主張。抵抗を続けたものの、安倍政権の政治決断に押し切られた格好だ。

今回の脱退の決定は、いまだに「一強」と言われる安倍政権の権力基盤の盤石さによるところが大きい。

実は、日本は２００７年のアメリカ・アンカレッジで開かれたＩＷＣ総会でも脱退を示唆している。しかし当時の第一次安倍政権、続く福田康夫政権下では、野党民主党も力をつけつつあり、脱退の方針を貫けなかった。

現在、安倍首相は官邸主導を確立している上、首相自身も捕鯨が根付いた山口県下関市が地元だ。捕鯨とかかわりのある安倍・二階の両氏だけでなく、菅氏が捕鯨再開派であることも、脱退を後押しした。

鯨肉の需要はあるのか？

さて、このようにして商業捕鯨は再開されたわけだが、現在でも鯨肉の需要があるかはかなり疑わしい。

鯨肉は、戦後の食糧難の時代には貴重なタンパク源として年間約20万トンが国内消費されていたが、商業捕鯨が中断されて以降は数千トン台に激減しており、クジラ料理専門店などでしか食べられないのが現状だ。

商業捕鯨を再開しても、新規参入企業の採算が合うとは考えられない。現在、調査捕鯨を1社で担っている共同船舶のみが捕鯨を続けるとみられる。

食品メーカーも軒並み冷たい反応を示している。かつて大規模な南極海捕鯨で知られた大洋漁業をルーツに持つマルハニチロは、捕鯨事業からはすでに撤退しており、再開する予定はない。日本水産（ニッスイ）も、販売不振のため2006年に鯨肉缶詰を生産終了している。

流通各社も、反捕鯨感情を持つ顧客とのトラブルや環境団体からのクレームを避けるため、鯨肉の取り扱いにはきわめて慎重だ。

調査捕鯨は行き詰まっていた

今回、商業捕鯨再開を日本政府が決めた背景には、「玉虫色」の仕組みで続けられていた調査捕鯨がすでに行き詰まっていたことがある。

調査捕鯨では、捕獲したクジラを調査が終わった後に解体し、国内で販売する。販売は調査捕鯨の主体である日本鯨類研究所から委託を受けた、共同販売株式会社が行う。

水産庁には、「くじら基金」と呼ばれる約40億円規模の基金があり、これに販売利益を含めて調査資金としていた。

しかし、この仕組みがすでに行き詰まっていたと水産庁関係者が明かす。

「そもそもこの基金ができたのは、鯨肉販売の採算が上がらなくなったためなのです。元々は市中銀行に融資を頼んで回していましたが、シー・シェパード（ＳＳ）の妨害により捕鯨活動ができない時期が続き、銀行側から『返済の当てがない事業にカネは貸せない』と言われました。それでも急に捕鯨をやめるわけにはいかず、苦肉の策としてできたのがこの基金だったのです」

実際にはこの基金は近年目減りしており、「4、5年先にはショートしていただろう」と先の関係者は語る。背景には、「調査捕鯨でとれた鯨肉は年度内に売り切らなければならない」との制度的な制約があるという。

「年度末に近づくにつれて、加工業者や卸売業者に割安で売らなければいけなくなり、本来かかった費用を回収することができず、捕鯨船を出すたびに赤字がかさむという状況でした。調査捕鯨は目に付くクジラを何でも獲っていいわけではないため、効率も悪く、商業捕鯨に比べて費用は割高になります。ですが民間業者からすれば、安く仕入れられるまで待つのは当然のことですから、いい循環が築けるようなシステムでは到底なかったのです。

鯨肉離れが言われて久しい中、国内世論も捕鯨に対してこれ以上税金をかけるのを支持するとは考えづらく、商業捕鯨を再開するしか捕鯨を続ける道はなかった」

商業捕鯨の中断から30年以上が経ち、捕鯨や鯨食文化を取り巻く環境は大きく変化した。

今回の商業捕鯨再開の決断は日本にとってやむをえないものだったが、今後も旧来型のやり方を続けていてはいずれ立ち行かなくなる。水産庁や捕鯨業者は、新たな道を切り開くことを余儀なくされるだろう。

消費量はかつての「約80分の1」

ついに再開にこぎ着けた商業捕鯨だが、多くの国民は、「いまさらクジラを捕っても、需要がないのではないか?」という疑問を抱いていることだろう。これまでも、調査捕鯨に税金を投入することに対して「無駄遣い」と批判する声は決して小さくなかった。

水産庁の資料などによると、国内の２０１７年度の鯨肉消費量は約３０００トンで、最盛期の１９６２年度の約23万トンに比べ、約80分の１にまで激減している。30代以下の若年層は、食べたこともないという人が大半だ。現在では、捕鯨文化のある下関市や和歌山県太地町などを除けば、専門店などでしか提供されていない。

これまで、調査捕鯨で捕れた鯨肉は、前述の共同販売株式会社が加工業者や卸売業者へ売る形式をとってきた。しかし現在、鯨肉は「在庫過剰」の状態になっているという。

ある水産庁OBはこう指摘する。

「調査捕鯨では毎年決まった量の頭数を捕獲するため、鯨肉の供給量自体は一定でした。消費が追いつかず、在庫過剰になるのは当然のこと。今でも、共同販売が保有している鯨肉在庫量は『極秘中の極秘』です。業者からは足下を見られかねないし、反捕鯨団体からも『こんなに余っているなんて、調査捕鯨は必要あるのか』と突き上げられかねませんからね。

ステーキや刺身にして食べられる赤身肉は比較的早く売れるのですが、問題は『白手もの』と呼ばれる皮などの部分。これは味噌汁などにして食べるのですが、捕鯨文化が根付いた地方でないと馴染みがないので、はけにくい。これが在庫を増やしているのです。

自民党の捕鯨議員連盟の議員の中には、『自衛隊に食べさせればいい』とか『給食で復活させればいい』ということを言う人がいますが、自衛隊に『余った食材を処理させる』なんてことをすれば、まずバッシングを受けるでしょうし、給食にクジラを出すにはコストがかかる。

今回の商業捕鯨再開にあたって、年内の捕獲枠が少なめに設定されたのは、調査捕鯨で余った鯨肉を先になるべく処分したいからだ、というのが業界での見方です」

調査捕鯨では乱数表を使って捕獲する鯨を決めるため、クジラを性別や大きさで選んで捕獲することはできない。漁場も選べず、割高なコストを支払ってきた。

一方の商業捕鯨は、捕獲対象のクジラを自由に選べるため、効率は上がり、価格は下がるとされる。実際、業者側はどう考えているのだろうか? 九州地方の老舗鯨肉加工・卸売業者はこう話す。

「基本的には、捕鯨文化が根付いた地方で細々と続いていく産業になると思います。大規模商業捕鯨が始まったのは戦後の食糧難の時代で、その当時は『クジラ御殿』が建つほど我々の取扱量も多かった。しかし、それ以前の捕鯨はあくまで各地域に根ざしたものでしたから、これでようやく時代が一周して、昔の姿に戻ったと冷静に捉えている業者が多いのです。

給食については、釧路や下関、太地などならまだしも、全国的には難しいでしょう。よく鯨肉には独特の臭みがあると言われますが、給食で使うとなると、どうしても水揚げのあとに何回も冷凍・解凍されるため、鮮度が悪くなってしまう。子供たちに無理に食べさせれば、むしろクジラ嫌いを増やすことにつながりかねないとも感じています」

かつてのように全国的に消費を拡大するのは無理としても、産業として採算が合うようにするには、新たな販路の開拓が欠かせない。

鯨研は販路拡大を目指し、2019年4月からノルウェーの捕鯨企業の日本法人ミクロブストジャパンに新たに販売を委託し、飲食店向けのネット販売を始めた。

このことについて専門紙記者はこう解説する。

「いまさらネット販売か、と思うかもしれませんが、鯨肉の閉じられた商流の中では、新規参入はほぼ不可能でした。卸売・加工業者への連絡手段は電話とFAXしかないという状況で、長野など内陸部で扱おうと思っても不可能だった、という事情があります。そのようなローテクで、鯨肉の販売が増えるはずもありません。

今回、販売委託先となったノルウェー企業の日本法人社長は元鯨研社員。といっても天下りではなく、鯨研の保守的な雰囲気が合わず、販路開拓と鯨肉食の普及を目指して独立したようです。むしろ、そういうやる気のある社員が、外へ飛び出さなければ活動できないところに鯨研の体質が反映されているともいえる。果たして今後、どれだけ伸ばせるか」

さらに、いまのところはスーパーをはじめ大手流通各社も、反捕鯨団体からの抗議を恐れて鯨肉の取り扱いには慎重な姿勢を取っている。販売拡大の前途は多難といえそうだ。

捕鯨議連から業者への不満

「悲願」を実現した今になって、議連内部では捕鯨業界に対する不満が出始めているという。議連幹部がこう解説する。

「年明け頃から『調査捕鯨の時のような税金のサポートがなくなってしまうと、十分な供給責任を果たせる自信がない』と弱気なことを言う捕鯨業者が出始めて、辟易する幹部も出てきている。『障壁がなくなったのだから、後は民間でやってくれ』というやり方ができないとなると、サンマやマグロのような他の魚種の業者に対して、説明がつかない。『なぜ、売れもしないクジラだけがいつまでも特別扱いなのか？』と、不満が噴出する事態にもなりかねません。一番の『重石』は我々がどかしたわけだから、そこから先は業者が自分たちでやってほしいのですが」

また、今後いつまで商業捕鯨が続くかについては、全国紙社会部記者がこう指摘する。

「太地町のある和歌山県出身の二階俊博幹事長がいなくなれば、一気にトーンダウンするでしょうね。二階氏は商業捕鯨再開をライフワークにしてきましたが、若い議員はもうそこまで捕鯨に熱心ではない。水産庁も2、3年は補助金を出すでしょうが、そこから先は望み薄でしょう」

結局、捕鯨問題とは何だったのか

クジラは20世紀以降、国際政治の波に最も翻弄された動物と言える。欧米と日本の食文化の差異、人種差別、環境運動の高まり、米ソ冷戦など様々な要素が複雑に絡み合い、政治的な争点となった。

実際にＩＷＣでも、日本の商業捕鯨を停止させるために、アメリカなどがＥＵ諸国をＩＷＣに突如引き入れて反捕鯨陣営の票をかさ増しし、日本もそれに対抗してアフリカ諸国などを捕鯨賛成陣営に引き入れるといった攻防があった。このとき日本が味方に引き入れた国には、見返りとして政府開発援助（ＯＤＡ）をはじめ様々な便宜が図られたことは公然の秘密となっている。

自民党捕鯨議連幹部によると、ＩＷＣ脱退騒動絡みでも、日本に協力したラテンアメリカ諸国において、鯨肉加工施設を数億円規模で建設するといった施策が決定しているという。

和牛受精卵やイチゴ種苗の海外流出が大きく取り沙汰されたことを見ても、食文化にかかわる問題は容易にナショナリズムへ接続する性質がある。

世界中で、いや日本でもさほど食べられているわけではない鯨肉をめぐり、反捕鯨国と捕鯨国との間で馬鹿馬鹿しいほどのエネルギーを使った対立が繰り広げられてきた。

しかしいまや、日本の地位低下や人々の環境問題に対する関心の変化により、捕鯨に対する関心は国際的にも下火になり、「過去の問題」となりつつある。

捕鯨をめぐる様々な騒動で、最も振り回されたのは、伝統的に地元で捕鯨を営んできた漁師であり地域住民だろう。反捕鯨団体による時に暴力的な活動の標的となり、映像に撮られて世界中に「野蛮な民族」として晒され、理不尽な思いを味わったことは想像に難くない。

一方で日本の新聞・テレビなどマスコミも、「捕鯨は日本の文化」と過剰にナショナリズムをあおるか、「捕鯨を再開すれば国際社会から批判を受ける」と孤立論を展開するか、という紋切り型の報道ばかり。反捕鯨国の真のモチベーションや、税金頼みの捕鯨産業が抱える構造的問題といった論点に切り込むことはほぼなかった。

令和の日本にとって、捕鯨問題は振り返るべき「教訓」の塊《かたまり》であると言うこともできるだろう。それを持ち越さないためには、まずは客観的事実と向き合うことが不可欠だ。イデオロギー闘争の具となりがちな捕鯨という領域にこそ、なおさら冷静な報道と分析が必要ではないか。

第6章

豚熱をめぐる混乱

グローバル化が進むのは必ずしもいいことばかりとは限らない。世界中を騒がす新型肺炎のコロナウイルスのように人や物を介して日本に侵入し食資源に打撃を与えるパターンもある。豚熱がそれだ。

中国から持ち込まれたウイルス

2018年9月、岐阜県から家畜伝染病「豚熱」が発生した。1992年以来の26年ぶりの発生となるうえ、国内にこれまでなかった型のウイルスで、海外から侵入したとみられる。続いて愛知県豊田市の養豚場でも、陽性反応を示す豚が見つかった。2020年1月末時点で、岐阜県、愛知県、三重県、福井県、埼玉県、及び長野県、山梨県及び沖縄県の豚とイノシシの飼養農場において5545例の発生が確認されている。

豚熱は豚やイノシシに感染する病気で、高熱や食欲不振などの症状を引き起こす。感染力が強く致死率も高い。身体接触や食品を介して主に伝染するが、人には感染しない。感染が発見された場合は、発生農場の豚を全頭殺処分するのが基本対策となる。

この流行で、農林水産省は数十万頭を殺処分した。

この時発見されたウイルスは、欧州や、中国などのアジアで検出されているもので、国内では初のタイプだ。

農水省は「加熱が不十分な豚肉製品を観光客が持ち込み、それが捨てられて、野生イノシシが食べたことが感染ルートとして考えられる」との見方を示している。

家畜伝染病予防法では、十分に加熱されていない豚肉食品の日本国内への持ち込みは禁じら

豚熱感染が確認された養豚場で作業する防護服姿の県職員や自衛隊員（写真提供：朝日新聞社／時事通信フォト）

れているが、飛行機での手荷物を全て調べるわけにはいかないため、税関などをすり抜けてしまうのが実情だ。

国は感染ルートの特定を急いでいるが、最も考えられるのが中国からのルートだ。中国全土からは週に約1000便の直行便が訪れており、2018年の間に全国の空港や港で没収された肉製品のうち、半数の約50トンは中国からの旅客によるものだ。

関東のある養豚農家はこう分析する。

「最初に豚熱が発生した岐阜県に空港はありませんが、県内で働く中国人を、その家族や友人が中部国際空港経由で訪れ、その際に感染源の食品が持ち込まれたのではないか、というのが業界の定説になっています。

1例目が発生した農場の近くにはバーベキュー場があり、そこで捨てられた食べ残しの肉を野生イノシシが食べて、感染したとみています。現に、1例目が発覚する前から、岐阜では野生イノシシの感染が確認されていました」

廃業を迫られる農家も

実際、殺処分が畜産農家に及ぼす被害はどの程度のものなのだろうか。

殺処分された頭数に、豚の市場価格から算出した値段をかけた金額が、補償金として畜産農家に税金から支払われる。畜産農家への取材によると、2019年ならば1匹あたりおよそ2万7000円が支払われるため、仮に1000頭規模の養豚農家の場合、約2700万円が支払われることになる。

農水省関係者によると、平均的な養豚農家は2000頭程度飼育しているため、殺処分の費用と合わせて、約8000万円の税負担が必要になるという。

ただ、別の畜産農家はこう嘆く。

「エサ代などにかかった飼育費や、その後のコストを考えれば、明らかにマイナスです。また一から豚を仕入れて、まともに農場として経営を再開するまで、ものすごく早くても1年半、普通は3年かかります。この間、従業員の給料や家族の生活などをまかなっていかないといけない。畜産業界全体が高齢化していますから、廃業せざるを得ない農家も出てくる」

豚熱だけでなく、鳥インフルエンザなど家畜の疫病に対しては、国が半額を支出する家畜防疫互助基金がいわば保険制度として存在する。

しかし、前出の畜産農家は「『どうせうちには感染しない』という安易な考えで、互助基金に入ってない農家も少なくありません。その農家が感染したら、数千万円単位で丸損です。『最後は税金で助けてもらえる』という考えは、国の財政が厳しくなった今となっては通らない理屈だし、世間からも甘ったれるなと批判されるでしょう。他人事だと考えず、業界を挙げて対処しないと、本当に大変なことになります」と、豚熱の感染拡大に警戒感を露わにする。

自治体のずさんさがあらわに

岐阜県内で発見された豚熱7例のうち、市が運営する畜産センター公園など、公立施設での発生が4件と相次ぎ、自治体の防疫体制の甘さも課題として浮かび上がっている。

「防疫に十分取り組んでいるはずの県の研究機関で発症したことは誠に申し訳ない」

県が美濃加茂市で運営する畜産研究所で3例目が発見された18年12月5日、古田肇岐阜県知事はこう謝罪した。養豚農家を指導する立場であるはずの研究所での発生に、失望感が広がった。

県の不手際はこれにとどまらない。1例目は18年9月、岐阜市内にある民間養豚場で確認され殺処分は終了したが、実は同8月中旬時点で、豚が体調不良の症状を見せていた。このとき、県は報告を受けて感染症を疑いながらも、「熱射病」と診断したため、対応が約半月遅れた。

さらに同11月、岐阜市が運営する畜産場で発生した2例目でも、1例目の発生から2ヵ月近くが経過している上、敷地内で感染した野生のイノシシが複数見つかっていたにもかかわらず、豚舎で専用の衣服や長靴を使用していないなど、衛生管理のずさんさが指摘された。

養豚施設への指導の不徹底さも明らかになっている。12月に発見された6例目の民間養豚場では、長靴やエサの運搬に使う一輪車の消毒が十分でなかったことや、畜舎内で大型の野良猫が子豚を食い荒らすなど、衛生状況に問題があることが国の調査で指摘された。

農水省関係者は「発生から約3ヵ月が経ち、県の職員が週に1度巡回していたにもかかわらずこの状況では、指導が不適切との批判は免れない」と話す。県の不手際に業を煮やした農水省は、翌19年、獣医師資格を持つ同省職員らを県に派遣し、現場指導に乗り出した。

しかし、その努力もむなしく豚熱が愛知県に飛び火したのは2月6日で、豊田市の養豚場で発見された。岐阜県内の感染拡大は野生イノシシによるものだとの分析が有力だが、岐阜県内で感染が確認された養豚場と豊田市の養豚場とは30キロメートル以上離れている。

その上、自動車メーカー大手トヨタのお膝元の住宅地にある養豚場での感染だけに、野生イノシシが家畜豚に直接接触したとは考えにくいため、感染ルートの究明が待たれていた。

農水省の専門家による現地調査の結果、豊田市の養豚場に出入りする車両を消毒する際、専用の長靴と作業着に着替える場所が出入り口付近にあり、ウイルスが侵入しやすい環境にあったことが分かった。

同省によると、感染イノシシが発生した地域を通った車が泥や糞に入ったウイルスを運び、養豚場に入った可能性があるという。

岐阜県などこれまで感染が確認された農場でも、出入りする人や車の消毒が不徹底なケースがあったため、同省は必ず専用の長靴を使うなど、衛生管理の徹底を養豚農家に呼び掛けた。

なぜ「子豚の出荷」が行われたのか

豊田市の養豚場をめぐっては、感染拡大の原因となった「子豚の出荷」に対する愛知県の対応について批判が上がった。

豊田市の養豚場は、2月4日時点で「食欲不振などの症状が出た」と県に連絡していた。しかし県は、「豚熱の典型症状がない」との理由で別の疾患を疑い、遺伝子検査などを翌日5日に後回しにした。そして県が出荷自粛を求めなかったため、養豚場は豚を長野県に出荷した。

国の防疫指針では、通常以上の頻度で症状が出た場合、すぐに都道府県が生産者に出荷自粛を求めるとしている。長野県側は愛知県に抗議したが、愛知県の大村秀章知事は「体調に異変のある豚は出荷していない」と反論。「感染が疑わしい段階での出荷自粛は難しい」とする同県の対応への検証が求められる状況になった。

断末魔の叫びを聞き続け……

さらに、殺処分の応援に駆り出された自衛隊員のメンタルケアも課題となった。感染が確認された5府県のうち、自治体のみでは対応できないと判断した愛知、岐阜、長野の3県は自衛隊に応援を要請した。3000人を超える隊員が駆けつけたが、慣れない任務に苦しむ隊員も少なくなかった。

「自衛隊の活動内容は豚舎内での豚の追い込み、殺処分した豚の埋却地への運搬と処理、養豚場の消毒支援です。このうち豚の追い込みは、獣医師が薬品の注射や電気ショックで豚を殺すときに押さえる役目。断末魔の叫びを聞き続けた隊員の中には、メンタルに変調をきたす人もいたようです」(農水省関係者)

自衛隊が東日本大震災の対応に当たった際には、多数の遺体を収容した隊員のメンタルケアとして、一日の活動を終えた後で、隊員同士で苦しみを共有する時間を設けた。今回も同様の時間をとり、カウンセリングの専門家による治療体制も整えて活動にあたった。

ワクチン接種をめぐる交渉

豚熱の拡大が予想以上だったので、政府は全国に拡大するのを防ぐため、19年10月に家畜豚へのワクチン接種に踏み切った。農林水産省がワクチン接種を決めた背景について、全国紙経済部記者はこう解説する。

「家畜豚へワクチン接種を行うと、国際ルール上の『清浄国』認定から外れてしまうため、日本の豚肉が海外で輸入規制を受けたり、反対にほかの『非清浄国』からも豚肉を売りつけられたりする懸念があったのです。前回、国内で豚熱が発生した際には撲滅まで11年かかりましたから、慎重にならざるを得ない面もありました。

今回の感染拡大の主な原因は、野生イノシシによる拡散と、トラックの消毒など、衛生基準遵守が養豚農家に完全に浸透していなかったことの二つです。

農水省としては、野生イノシシにワクチン入りのエサを散布した上で、養豚家に衛生基準を徹底的に守らせれば解決できると思ったのでしょうが、特に野生イノシシの拡散力は想定をはるかに超えていました。

政府としても、岐阜県や愛知県など、養豚が盛んというわけではない中部・東海地方だけに感染が抑えられているならまだしも、関東にまで被害が及び、さすがに『非常事態』と認めるしかなかった」

日本養豚協会幹部によると、九州の有力養豚県から猛反発があったことも、ワクチン接種が遅れる原因になったという。

「九州南部は2010年に宮崎県で発生した口蹄疫の恐怖が身にしみているので、家畜の感染症対策が徹底しています。当時、養豚場周辺は細い裏道まで徹底的に消毒するほどでしたから、今回もワクチンに頼らずとも、養豚農家の努力と自治体の野生イノシシ対策で乗り切れると思ったのでしょう。

しかし、全国の養豚農家がそうした意識とノウハウを持っているわけではありません。あれよあれよという間に感染が拡大し、もう一つの有力養豚地区である関東にまで広がってしまった。数の上から言っても、関東地方は群馬、千葉、茨城、栃木を合わせると、鹿児島・宮崎の合計と同規模の全国2割程度の頭数を生産しているため、このまま九州に配慮してワクチン接種をせずにいれば、より深刻な事態になるとの判断でした。

初期に感染が確認された自治体は早期のワクチン接種を主張していただけに、『有力県の言うことばかり聞いた結果、感染が拡大した』と、業界では対応が後手に回ったことを批判する声も上がっています」

養豚業界、壊滅の危機

日本では、豚熱に感染した豚は殺処分すると定められている。感染豚が市場に出回ることはないが、風評被害の懸念はぬぐえない。

先の養豚協会幹部は「飽食の時代で豚肉以外にも多くの選択肢がある中で、消費者から嫌われれば死活問題です。ただでさえ農家の高齢化が進む中、今回の感染拡大を機に廃業が相次げば、養豚業は本当に壊滅してしまうでしょう。

前回の感染確認と終息のあと、我々が10年かけて獲得した『清浄国』認定が、こんなに短期間で崩壊してしまうとは思わなかった。それほど疫病を食い止めることは難しいということを教訓に、もう一度積み重ねていくしかない」と悔しさをにじませる。清浄国のステータスは、現在、一時停止中であるが、2020年9月には失われる見込みだ。

農水省はワクチンの増産を製薬メーカーに指示し、都道府県知事の決定に従って、すでに感染が確認された県を中心にワクチン接種の範囲を拡大していく方針だ。

恐怖の「アフリカ豚熱」

国や県はより厄介なアフリカ豚熱(ASF)への対策を迫られている。

ＡＳＦは豚熱と同様、人には感染しないが、豚熱と違ってワクチンが存在しない。大流行している中国などから日本へ持ち込まれる可能性があり、畜産農家を恐怖に陥れている。

ＡＳＦの殺傷力は極めて高く、感染した豚の致死率はほぼ１００％。日本国内に持ち込まれた場合、殺処分による対処しかできないため、感染範囲が拡大すればするほど養豚業界が受ける損害は大きくなる。

ウイルスの環境への適応力もきわめて高く、感染した豚の排泄物の中で約1年半も生存できるなど、長期間にわたって感染力を維持できる。そのため、一度侵入を許すと長期の警戒が必要になる。

ＡＳＦは07年4月にジョージアで発生したことを皮切りに、中東欧で拡大し、２０１８年8月に初めて中国で確認された。中国では２０１９年1月末までに北京市や上海市、遼寧省など全土１２１カ所の農場などで感染が確認されており、中国政府は１００万頭以上を殺処分している。アジアではベトナムやモンゴルにも拡大している。

日本でも上海など中国からの観光客が羽田空港や中部国際空港などに手荷物として持ち込んだソーセージや餃子などから、ＡＳＦのウイルス遺伝子が検出されている。

日本養豚協会の香川雅彦会長は記者会見などで「岐阜県産の家畜豚では、風評被害がすでに出ている」と強調し、中国からの持ち込み食品の水際対策を強化するよう国に強く要望した。

香川会長が養豚場を経営する宮崎県では、前述のように2010年に口蹄疫が発生し、牛や豚、約30万頭を殺処分、県内の畜産農家も甚大な被害を被った過去を持つ。

宮崎県のある畜産農家は「香川会長は、口蹄疫で文字通り地獄を見た経験をお持ちです。国は簡単に『殺処分した』と説明しますが、手塩にかけて育てた家畜を殺さないといけない悲しみはもとより、収入がストップするので、農家にとっては文字通り死活問題です。殺処分が決まったら、その後の従業員の給与の支払いなど経営的な負担が容赦なくのしかかってきます」と話す。

現在のところ、日本国内では感染は確認されていないが、農水省関係者はこう話し頭を抱える。

「正直、完全にウイルスの侵入を止められているかと言われれば、100％そうだとは言い切れないのが怖いところです。全ての乗客の手荷物を詳しく見ることは、空港や港の業務キャパの面から言って事実上不可能ですし、プライバシー保護の観点からも問題視されかねません。探知犬などで最大限に対応するしかやりようがないのが実情です」

　また、先の自民党議員は「豚熱で家畜豚へのワクチン接種に慎重だったのは、ＡＳＦ対策も考えてのことです。『ワクチンを接種したから安心』という考えに養豚家が染まってしまったら、防疫対策が確実に甘くなる。ワクチンに頼らないというのはそういうメリットもあります。ただ、ＡＳＦは豚熱とは全くレベルが違う脅威になりますから、確実に止めないと危ないですね。ＡＳＦが上陸すれば、本当に日本の養豚業界は10年は再起できなくなってしまう」と警戒感を隠さない。

「台湾モデル」を参考にすべきか？

　与野党では、ＡＳＦ対策について、台湾を参考にしようとする議論が盛り上がっている。

　台湾ではＡＳＦ侵入を防ぐ対策として、19年1月から中国などの感染地域から豚肉製品を持ち込んだ時点で台湾人、外国人のどちらにも初回20万台湾ドル（約72万円）の罰金を科している。その場で支払わなかった場合は入国拒否し、罰金の支払いが完了しないかぎり、最長5年は入国を拒否し続けるという厳しい制度を採用している。

台湾政府は、18年に中国でASFが発生して以来、情報提供を中国政府に求め続けていた。しかし回答が得られなかったため、蔡英文《さいえいぶん》総統は2019年元日の新年談話で「この防疫で協力できないなら、何が『中台は一つの家族』なのか」と非難した。

2月2日になってようやく回答が届いたが、感染規模は台湾側の推定値をはるかに下回っており、実態を正確に反映しているか疑われたという。

台湾では1997年に口蹄疫が発生した際、家畜豚を大量に殺処分した経緯があり、蔡総統は「魯肉飯《ルーローハン》を守ろう」というスローガンを掲げて国民に呼び掛けている。

蘇貞昌《そていしょう》行政院長（首相相当）も2月5日、自らのフェイスブックでアフリカ豚熱についての動画を公開し、中国政府に「防疫の強化と感染状況の情報提供」を求めた。さらに、蘇氏は「中国の習近平国家主席と似ている」として風刺に使われているディズニーキャラクターの「くまのプーさん」のぬいぐるみを手にしながら、「隣人は助け合うべきで、傷つけ合うべきではない」と訴え、中国への不信感もにじませた。

台湾では中国福建省の対岸にある金門島に、ASFに感染した豚の死体が漂着する事態が発生しており、台湾側は中国側から流れ着いたとみて不満を募らせている。一方の中国は「（台湾が）

ＡＳＦを政治利用している」と反発し、対立を引き起こしている。

日本では自民党の会合において、「抑止力がなければ（海外の人は）いくらでも持ち込んでくる」など豚加工品持ち込みの厳罰化を求める声が高まっており、国民民主党でも台湾の制度を踏まえて議員立法を目指す動きが出ている。

ただ、台湾レベルの厳罰化を行えば、インバウンドへの影響は必至だ。

防疫体制に詳しい農水省関係者は「政府は2020年までに4000万人の訪日外国人客の達成を目標にしていますが、その多くが中国人です。台湾と中国との歴史的な関係を無視して、台湾のような制度をそのまま日本が適用すれば、反日ナショナリズムをあおりかねない。現実的には罰金上限を現在の100万円から引き上げるくらいで、防疫対策を強化するしかありません」と頭を抱える。

豚熱への対応は長期化の様相を呈しており、終息への道は見えない。養豚農家の地道な衛生管理への努力や、野生イノシシのワクチン接種の効果が期待される。政府はＡＳＦについても防疫対策の強化を引き続き進めていく方針だ。

豚肉価格「暴騰」のおそれ

ＡＳＦは中国で確認されて以来、ベトナム、ミャンマーなど東南アジア全域に拡大したほか、北朝鮮や韓国にも感染が及ぶようになった。

中国でも、感染した家畜豚は殺処分するのが原則のため、景気が減速する中、物価上昇の大きな原因となっている。

中国の２０１９年8月の消費者物価指数は前年同月比で２・８％上昇したが、これは豚肉の小売価格が約１・５倍に上昇したのが大きな要因だ。

専門誌記者は「豚肉は中国料理に欠かせない食材のため、価格が高騰すれば共産党批判につながりやすい。当局もそれを警戒して、補助金を配ったり輸入を増やしたりするなどしていますが、中国の農家の衛生意識が高いとは言えないこともあり、焼け石に水の状態です」と話す。

日本にも「アフリカ豚熱」が来る

さらにこの記者は、朝鮮半島でのＡＳＦ感染拡大についてもこう解説する。

「韓国では軍も出動しての大規模な消毒作業が始まっていますが、すでに潜在的な被害が非常に大きくなっているとみられます。

農水省によると、豚、イノシシの飼養頭数は北朝鮮が約２６０万頭なのに対し、韓国は日本と同規模の約１１２７万頭と約５倍。文在寅《ムンジェイン》政権の親北姿勢もあり、韓国統一省はＡＳＦの感染拡大を防ぐため南北で協議すると表明していますが、北朝鮮と協力したところで、食い止めに実効性があるかは未知数です。

ＡＳＦは、中国から北朝鮮、韓国と陸伝いで感染拡大したとみられますが、北朝鮮では平壌以外は基本的に食糧難が続いているため、豚肉を日常的に食べられるのは比較的裕福な層に限られます。海外メディアによれば、北朝鮮当局は中国との国境地域の住民に、感染拡大防止を理由として移動禁止令を下したとされていますが、実はこれが、金正恩主席をはじめロイヤルファミリーや彼らに近い有力者層専用の牧場を守るためだったのではないか、と庶民の不満を買っているようです」

日本にASFが渡ってくるのも時間の問題かもしれない。すでに国内でASFのウイルス遺伝子が発見される事例が相次いでおり、水際対策の徹底が必須の状況となっている。

豚熱を抑え込めず感染が拡大した責任を、前任の農林水産相だった吉川貴盛衆議院議員や現在の江藤拓農水相や農水省が問われることは避けられないだろう。加えてASFの侵入を許したとなれば、農家などの地方票離れが進む安倍政権への打撃にもなる。農水省の今後の対応に注目が集まっている。

豚熱は新型コロナウイルスと同じグローバル化の産物

豚熱は新型コロナウイルスの感染拡大と同じく、グローバル化の産物だ。

２００２年に中国でＳＡＲＳ（重症急性呼吸器症候群）が流行したときは、新型コロナウイルスのように拡大はしなかった。これは格安航空券の普及が進んでいなかったことなど、人の移動が現在ほど盛んでなかったことが大きな原因だ。

安倍政権はインバウンド誘致を政権浮揚策としてきた。実際、２０１９年の訪日外国人客数は３１１８万２１００人と統計が開始された１９６４年以降で最多となった。中国からは約９５９万人とはじめて９５０万人超えを記録した。中国人が２０１９年に日本国内で消費した額は、外国人全体の３分の１にあたる約１兆７７１８億円に上る。豚熱はその陰で生まれた産物だと言えるだろう。

ある宮崎県の養豚農家は「浮かぶ業界があれば、損をする業界もあるということです。観光立国を目指す政府からすれば望ましいことなのかもしれないが、私たちが直面するリスクにも現実的に備えてほしい」と訴える。

第7章

メディアの取り上げ方

これまで、和牛、ウナギ、サンマ、クジラなど食についての記事を書いてきたが、理屈よりも食べるという本能に根付いたものだけに、ナショナリズムを刺激するということについて改めて書きたいと思う。

筆者の記事に韓国大手メディアが反応

例えば、イチゴ。

筆者が２０１９年８月にネットメディア『現代ビジネス』で「韓国で日本の果物が無断栽培(https://gendai.ismedia.jp/articles/-/66545)」を配信したところ、韓国の大手メディア中央日報系のテレビ局「ＪＴＢＣ」が８月23日のニュース番組で記事について批判的に取り上げた。(https://youtu.be/S6kCpl_kjk8)

７月ごろは、日本政府が韓国への半導体部品の輸出規制を決めたことで、両国の対立が深刻化していた時期だった。筆者は食を主要な取材分野としている物書きとして、２０１８年の韓国・平昌五輪から騒がれていた「日本産イチゴの韓国流出問題」を通して、両国のナショナリズムがどのように表れているかを描きたかったのでこの記事を書いた。

記事の内容としては、日本の農業界が遺伝資源保護について認識が甘かったため、韓国に日本産のイチゴが流出した経緯を紹介した。この問題をめぐって、韓国の大手メディア「中央日報」と「ハンギョレ新聞」の近年の記事がナショナリスティックなトーンで書かれていることを踏まえた上で、韓国での国際社会の中でのしたたかさを日本政府も学んでいかないといけないと結んだ。

対して、韓国側の報道はこの記事を「突拍子もない主張」とした上で、「（韓国メディアの）記事内容を事実と断定しながら『盗作』『奪取』と批判する内容が多い」と指摘した。

正直、日本国内のネット記事をわざわざ韓国の大手メディアが取り上げることに驚いたが、そもそも筆者は「盗作」や「奪取」と表現したことはない。複数の韓国メディアの表現のトーンや農林水産省の公式資料、品種登録の国際条約などの客観的な事実に基づいて記事を書いている。こちらからいたずらにナショナリズムをあおろうとした意図はない、とここで改めて強調しておきたい。

韓国在住歴が長い知人によると、当時は日本と同様に反日報道が相次いでいたという。日本の書店では「嫌韓本」が、悲しいことに一定の地位を占めてしまったのと同様に、韓国メディアもナショナリズムをあおることが視聴率アップなどの商売になってしまっているという点ではお互い様ということだろう。

結局のところ、あらゆるメディアは戦争をはじめ、もめごとが大好きで、基本的にそれでカネ儲けをしている。

私が執筆しているネットメディアの大部分が、昨年の日韓関係悪化の際は掲載記事のランキング上位を全て「文在寅」「韓国」などのキーワードが入った記事が占領した。

日本と韓国の世論や報道の仕方を見ていると、韓国の方では「少し冷静になった方がいい」などの論調も一部で出ていただけに、日本が一方的に嫌韓に走ったのは国際的地位が下がる中で、「今まで下に見ていた国に追いつかれたくない」という心理がより強かったことが原因のように思う。しかし、韓国も経済成長する中で国際的地位が高まっており、根本的な認識の変化が必要になるだろう。そうでなければ、いつももめごとのきっかけになるイチゴに気の毒だ。

和牛ナショナリズムにも中身はない

和牛については、2018年に発覚した中国への受精卵と精液の流出未遂事件がナショナリズムを高めた。大阪の男性が徳島県の畜産農家から入手した和牛の受精卵と精液を船で中国に持ち出そうとしたところ、中国の税関で止められて未遂に終わったという事件だ（16ページ参照）。

この事件をめぐっても「日本の宝が盗まれた」と新聞やテレビが大騒ぎした。

持ち出しについてはルートなどの取材自体は興味深かったものの、根本的な疑問が消えなかった。そもそも平均的な日本人は和牛を食べているのだろうか、と。

和牛はスーパーで売ってはいるが、多くの一般家庭では普段の食事で米国産や豪州産などを食べる。理由は簡単で安いからだ。

農林水産省によると、国内の牛肉需給そのものは2010年度（85万3000トン）から2018年度（93万1000トン）までで約10％増加した。そのうち、和牛を含めた国内生産量は33万から35万トン前後と変化がないのに対し、輸入量は約2割増の62万トンと国内消費の約6割を占めている。つまり、日本で人気が出ている牛肉は輸入肉なのだ。

高価な和牛を1年に数回食べる日本人は基本的に一定以上経済的余裕がある人で少数派だろうから、国内の需要はどうしても広がりにくい。畜産業界も高く売れる脂肪交雑（サシ）至上主義が根強いため、そもそも赤身など消費者に身近な価格帯にまですそ野を広げるという意識が希薄だった。このような現状では、和牛はとても「日本の宝」とは言えまい。

日本の大手メディアは基本的にこのような構造問題を指摘することはほとんどなく、いたずらに「盗まれた」とセンセーショナルに報じることに終始していた。

ただ、高級品を買うのはいつも富裕層であって、インバウンドで日本を訪れた外国人客が食べて人気が出れば、それに合わせた対応が必要となるのは当然だろう。さらに、高価な和牛が海外に売れれば、後継者不足・高齢化が進む畜産業界を助けるという見方もできる。

イチゴなどの植物と違い、動物の遺伝資源については品種登録などの制度がない。日本国内で主に飼育されている鶏や豚からして外来種であることがその証拠だろう。

大体、やろうと思えばどうしたって和牛の受精卵や精液は持ち出せる。育て方で勝負する方にかじを切った方が合理的だ。実際、日本の和牛の育て方は育舎で丁寧に育てることが特徴で、手間もエサ代もかかる。真似しようと思ってもそうそう真似はできない。

畜産業者の中にも、海外マーケットで正々堂々と勝負して勝てるところも十分にあると思う。高級路線を貫くなら、カネを払わない日本の一般消費者ではなく、海外の富裕層により売り込んでいく道を考えるべきだ。

実際、海外からの訪日観光客からの人気は高い。食肉流通統計によると、2018年の1キログラムあたりの枝肉相場（東京市場、和牛去勢、最高のA5ランク）は10年前の約1・2倍、2818円に上昇している。日本観光で訪れ、和牛を楽しんだ海外富裕層の需要増に畜産業界が熱視線を注ぐのもここから明らかだ。

今回はイチゴと和牛について取り上げたが、筆者は食べ物をめぐる言説で「盗まれた」という類のものはほとんど眉唾だと思っている。

もちろん、国際ルールに対する認識が甘かったり、そもそも規制できなかったりなど様々な背景はあるが、大前提として国際社会は基本的に資本主義のメカニズムで動いている以上、農産物を支える消費者がカネを払って食べて応援することが全てだ。日々の人気投票に負けてしまい、どうにもならなくなった時、初めて「天然記念物」「研究対象」として税金で保護される存在にすべきだろう。ただ、その時には食べ物としての輝きは失われるだろう。

食のナショナリズムはオッサンが作った

食をめぐるナショナリズムは50代以上のオッサン、老人によって作られた。

まず、前述したように、ここ10年程度の牛肉の国内生産量は横ばいなのに対し、輸入量は約2割増となっており、今や国内消費の約6割を占めるようになっている現状について書いた。牛丼や焼き肉の外食チェーンの広がりで、日本人はここ10年ほどで確実に肉食傾向が強まってはいるが、和牛ではなく安価な輸入牛を消費してきたということだ。

さらに、厚生労働省の「国民健康・栄養調査」では、年代別の牛肉1日1人あたりの消費量（平均値）で2011年と2017年を比較すると、60代が約3割増となったのを除き20〜50代までは軒並み低下している。20代に至っては約2割、消費量が低下した。もともと肉食になじみのなかった高齢者層が安価な牛肉を食べるようになったことや、若者のダイエット志向が強まったことなどがこの結果につながったと推察される。

高級な和牛にしても、高価なことに加え、主な食べ方であるすき焼きは準備に時間がかかるため、単身世帯が多い若者には身近な食材とは言えない。主な消費層は基本的に中高年層だろう。

これらのことを考えると、日本の牛肉消費は「高価な和牛は資金力に余裕のある中高年が家族と一緒に食べ、高齢者も安価な輸入肉を中心に食べて消費を底上げしてきた」といえる。

ウナギもサンマも高齢者が爆食していた

もはや絶滅が危惧されているウナギについても、総務省の18年の家計調査によると、年齢層別（単身世帯）のウナギのかば焼きへの年間支出額は、34歳以下がなんとわずか18円、35～59歳が276円。それに対して60歳以上は1351円となっており、若者がまったくウナギにありついていない反面、年金や貯蓄で暮らしに余裕のある高齢者が圧倒的にウナギを消費していることが分かる。

中国や台湾に食い散らかされているとセンセーショナルに報じられたサンマも同じで、一世帯あたりのサンマ支出額は、83年の2065円をピークに低減し、17年では880円と最低水準となっているのだ。日本人の大多数が食べているのは冷凍モノのサンマで、時間が経っているから安いという面があるのも見逃せない。

どちらの魚も「日本の風物詩」「庶民の魚」とさも日本人に身近なイメージが作られているが、実際に食べているかといえばそうでもない。つまり、和牛をはじめ、日本の大メディアが「海外から盗まれる」と騒いでいる食品から、実は日本人はすでに離れているのである。

メディアを握っているのがそもそも高齢者

なぜこのような中高年の志向や主義に偏った報道がなされるのだろうか。

理由は簡単で、新聞やテレビなど大手メディアの人間自体が高齢化しており、「オッサンによるオッサンのためのオッサンのメディア」になっているからだ。

詳しく説明しよう。

確かに現場で取材する記者は30代くらいまでの若手が多い。記者は基本的に体力勝負の仕事なので、若くないとやってられないからだ。

ただ、彼らが取材した原稿をチェックしたり、企画を考えたりするのは、デスクと呼ばれる管理職になる。彼らは基本的に40代後半から50代で、関心はもちろん同世代と共通のものになりがちだ。サンマにしてもウナギにしても和牛にしても、実態を踏まえずに「国民の関心事」とするのもやむをえない。


これを端的に表しているのが捕鯨問題についての報道だ。

日本政府は2018年末に国際捕鯨委員会（IWC）を脱退し、大手メディアが「国際連盟脱退以来の大問題」と報じた。

しかし、考えてみれば、捕鯨文化のある地方は別として、鯨肉が食卓に並ぶ家庭は少数派。戦後の食糧難の時代にタンパク源として重宝されたことはあるにしても、捕鯨をめぐる欧米諸国や環境団体とのやり取りなどは記憶としてもあいまいだろう。50代より上の世代はまだ捕鯨問題が大きく報じられていた70～80年代を知っているから、重大事に見えるだけだ。

実際、新聞を熱心に読んでいるインテリ層は日本政府のＩＷＣ脱退について「誤った決断だ」とする傾向が強かったが、一般人は素朴な感覚で「日本の食文化を一方的に抑圧する組織なんて、さっさと抜けて正解」と捉える傾向が強かった。外務省の世論調査でも、約7割が脱退を評価している。外国政府や外国メディアの報じ方も批判的ではあったが、事前に国内メディアが騒いだわりには低調だったといえるレベルだった。

自分たちの記憶に基づいて、「あの時普通に食べられていたものが食べられなくなる」といったあいまいなイメージが報道で増幅され、若手が中心のネットメディアより影響力が依然強いがために拡散する。それがさも「国民の一大事」かのように。

ＩＷＣ脱退を信じなかったマスコミ

さて、ではなぜ国内の主要メディアはそろって「ＩＷＣ脱退は日本の国際的孤立につながる」

と報道したのか。

ＩＷＣ脱退決定は２０１８年12月20日に国内主要メディアが一斉に報じたが、当時捕鯨関連の取材を担当していた在京メディアの記者はこう振り返る。

「実際に脱退が決まったことが分かると、各社の記者がデスクに連絡するのですが、デスクは脱退の報告を受けて血相を変え始めたのです。なんせ『30年越しのビッグイベント』と言われ、最後まで決まるかどうか分からなかった案件ですから。

午前中に二階幹事長が事実上認めたため、各社とも夕刊や昼のテレビニュースにはなんとか突っ込みましたが、朝日新聞に至ってはデスクが『そんなことあるわけないだろ』と現場の記者を信じず、当日の夕刊で特落ちしたほどです」

報道関係者でも信じがたかったＩＷＣ脱退だが、その後の論調は国際的批判が低調に終わった実態と離れて、「国際的孤立」を強調するものになっていく。先の記者はこう分析する。

「まず、ＩＷＣは国際連合のような普遍的な国際機関ではないですから、脱退したために全ての外交が破綻する、などということはありません。ただ、知名度の大きい国際的機関ということで、実態以上に大きく受け取られた感が否めなかった。各社のデスクは、上がってきた原稿に『戦前の国際連盟脱退以来の重要事』と筆を入れ、話を大きくしました。

その後の社説でも『脱退は短慮だ。再考を促せ』というような論調が目立ちましたが、これは50代より上の世代はまだ捕鯨問題が大きく報じられていた70~80年代を知っていることに加え、日本のメディア特有の『マゾ的』な性質が関係しているのではないかと思います。要するに、『欧米諸国と一致しない、日本独自の決断は常に間違っている』という認識です。

現場の記者は、IWC内で30年にもわたって日本側が抑圧されてきたことは共通認識として持っていましたが、会社内の力関係もあるので、そうした意見は通らなかった」

関西の捕鯨業者は、IWC脱退をめぐる報道についてこう受け止める。

「今回興味深かったのは、捕鯨のことには詳しくないが、新聞は熱心に読んでいるというインテリ層ほど『日本の決断は誤っている』と捉えていたことです。反対に、実情をよく知っている人と一般の人は『さっさと抜けて正解』と捉えていました。

外務省の世論調査でも、約7割が脱退を評価しています。新聞を読み込むことが『とにかく日本が何でも悪い』という感覚につながっているのがショックでした」

日本に対する「国際的批判」の実態

日本のＩＷＣ脱退に関して、国内の主要メディアは「国際的批判が予想される」と報道した。では、実際の海外の反応はどうだったのだろうか。主な反捕鯨国の政府公式見解から見てみよう。

反捕鯨最強硬派の豪州政府は「脱退決定は遺憾。同条約及び同委員会への復帰を優先事項として要請する」とした上で、「南氷洋の捕鯨を止めるのを歓迎する」とした。米国は現時点で声明を出していない。英国は「脱退に極めて失望した」と、従来通りの商業捕鯨反対の立場を表明した。

海外の報道機関はどうだろうか？

米ニューヨークタイムズ紙は「脱退を再考すべき。産業的・文化的・科学的にも日本の判断は正当化されない」と社説で批判した。

それに対し、英BBCは「多くの鯨種が絶滅の危機に瀕しているが、日本が捕獲する中にはミンククジラなど絶滅の恐れがない種もある」と中立的に報道。全体としては事実関係を報じるニュースが目立ったが、社説などには批判的な意見も出た。なおニューヨークタイムズ紙に対しては、日本の外務省が同紙上で反論を展開している。

まとめると、反捕鯨国のうち主要国である豪州と英国は「遺憾」と「失望」を示したが、米国は無反応。報道のトーンも、日本の決定を強く批判するものが多いとは言えず、予想された「国際社会からの孤立」という状態にはほど遠い。

自民党捕鯨議連の重鎮議員がこう明かす。


「近年の中国の台頭で、相対的にアジアでの日本の地位が低くなっている上、とっくにブームを過ぎた捕鯨問題で日本を叩いたところで、国際的な反響が得にくくなったということが大きい。

捕鯨問題が世界的に騒がれていた時は、環境保護団体のグリーンピースや、そこから過激派が離脱した反捕鯨団体のシー・シェパード（SS）なんかが欧米諸国ではヒーローのように扱われ、多額の資金も集まりました。しかし、米国のＳＳは米連邦高裁から13年２月に『海賊』と認定されたことで資金が集まりにくくなったため、16年には、「捕鯨妨害を永久に取り止める」ことで日本側と合意しました。

米国以外のＳＳは、捕鯨妨害自体は可能ですが、日本の捕鯨船はハイテク化が進んでおり、妨害は事前に察知されるため、やろうと思ってもなかなかできない。ＳＳのような有名団体でもこの状況なのですから、他は推して知るべしです」

安倍首相による「説得」

さらに、実は日本政府は周到な根回しを行っていた。総会を前に、外務省が各国の担当者を説得してまわり理解を求めたほか、地元に捕鯨基地のある山口・下関市を抱える安倍晋三首相も豪州政府の説得に一役買ったという。先の自民議員がこう明かす。

「安倍首相はＩＷＣ脱退決定直前の18年11月、就任したばかりの豪モリソン首相と首脳会談し、貴重な時間を30分も割いて、日本の商業捕鯨再開を取り上げ説得しました。モリソン氏は日本側に言質を与えないよう終始無言だったのですが、この説得が効いたことは間違いないでしょう。

それと、身もふたもない言い方になりますが、豪州としては南極海から出て行ってもらえれば何でもいいのです。

私自身も駐日豪州大使と捕鯨問題について話したことがありますが、その時も『南極海から出て行ってくれればいいんだよ』とだけ言って、そのあとはすぐに『オーストラリアワインをもっと買って欲しい』といった商売の話になりました。

今回はその要求が叶えられたわけですから、必要以上に反対する政治的な意味もない。それ以上でも以下でもないということです」

当事者から見た場合、相当程度温度差があったことは、この発言を見ても間違いなさそうだ。

すでに捕鯨問題は既得権益化している

今日び、捕鯨問題に関して熱心に取り組んでいるのは日本だけだ。

関係者によると、ＩＷＣ脱退を日本政府が決断するきっかけとなったブラジルの総会でも、日本政府のスタッフが他国の倍以上であること自体がひんしゅくを買っていたという。他国からすれば、なぜこんな時代遅れのテーマにそれほどスタッフを割くのか意味不明だろう。

環境団体も捕鯨問題が旬ではなくなったため、批判するだけ批判しているだけで、かつてのような激しさもない。今や、グレタ・トゥーンベリさんが脚光を浴びているように、気候変動に世界の関心は移っているのだから当然だ。

筆者は捕鯨文化は今回の脱退をきっかけに地方の食文化として定着することは望ましいと思う。鯨肉は新鮮でなければ血なまぐさくなり、かえって食味を落とし、鯨肉の価値を落とすと考えるからだ。

そもそも、南極海の裏側まで出かけていくこと自体、非常に限られた時代の話であって、それがダメになったからといって政治やメディアが騒ぐ現代的な意味はほとんどないだろう。喜ぶのは役所や専門家も含めた「クジラ屋さん」だけだ。

食品ロス撲滅が重要

クジラはさておき、サンマやウナギの食品ロスが問題となっていることにこそ着目すべきだろう。季節が来ると、生鮮サンマやウナギがスーパーに並ぶが、売れなければ捨てられる。これこそ批判の対象とすべきだ。

実は、サンマを懐かしむオッサン世代の日本は、米ソ冷戦時代だったことや、中国などアジア諸国が経済的に貧しかったことを背景にあらゆる水産資源を食べつくす勢いの「水産王国」だった。マグロも同じだが、日本人が無制限に漁獲し安く供給されたのは、カネと食欲にモノを言わせていた面が多い。

ウナギにしても、商社が中国で養殖して牛丼チェーンやスーパーへの販売ルートが確立したことで絶滅寸前にまで追い込んだ経緯がある。いつまでも「暴力団の資金源になっている」と常とう句を繰り返す前に、なぜ裏社会のシノギになるほどの市場ができてしまったのかについて自省するのが先だ。ウナギを本当に一年中食べたいのか考え直すべきだろう。

私は基本的に新聞やテレビなどの記者クラブメディアは滅んだ方がいいと思う。

理由はこの記事で書いた通り、課題設定や論調がオッサン向けのものに偏りがちな半面、既得権益が強すぎてネットメディアなどの参入ができず多様性を欠くからだ。

記者クラブのオッサン記者が報じたいものではなく、様々な層の読者が知りたいものが提供されることを、一人の読者として切に願っている。

おわりに　グローバリズムの次の時代へ

２０１０年代はグローバリズムの時代だった。格安航空券が生まれ、世界中で人の移動が活発化し、旅行だけでなく、ビジネスも大きく伸びた。中国などの新興国が大きく伸び、２０１０年には中国が日本を追い抜き、米国に次ぐ世界第2位の経済大国となったこともそれを象徴する。

一方の日本は、この10年、どうだったのだろうか？

「昔、地元でアジアからの若者を受け入れた時によく逃げ出したんで、現地で研修所を作って日の丸に敬礼させるようにしたら、こっちでも言うことを聞くようになりましたよ」

２０１８年末に通過した、外国人材法案をめぐる自民党の会合での、ある農水相経験者の発言だ。イマドキこういう感覚のオッサンがいるのかと驚くが、実はこの会合はオンレコ、つまり、記者も現場にいて取材できる際の発言なのである。にもかかわらず、全く正しいことのように発言し、周囲の議員も神妙にうなずいている。グロテスクとしか思えないが、残念ながら今、実際に社会を動かす力を持った自民党のエラいオジサンはこういうレベルなのである。

ものづくりの国としてのし上がった日本の電化製品のアジアでの優位性が揺らいでいることは「はじめに」で書いたが、根本的な原因は日本が過去の成功にとらわれ、ものがまともに見えなくなっているからだと思う。アジアで、世界で、今でも日本はエラい国なのだ、と。その欠点がモロに出てきたのが2010年代だったことは、本書で和牛やイチゴなどを例に挙げてご紹介した通りだ。

2020年代に入って、日本はどこに向かうのだろうか。確かなことは、このまま何の反省もなく強がったままではさらに事態は悪化するだろうということだ。

日本人はどうも、「悪いことは起こってほしくない」という願望が勝りすぎて、「いざ起こったらどうするか」を現実的に考えるのが苦手な傾向がある。「対策をとったら現実になってしまう」という信仰でもあるかのようだ。だが、「最悪の事態」を考えることを避けては、それが現実に起こった時、手も足も出ない。

実際、昨今のインバウンドリスクにしても、外国から数多くの人を招くリスクを現実的に見積もる視点が欠けていたということは否めない。

新型コロナウイルスが感染拡大する前でさえ、京都市では地元の一般市民の生活にも支障が出るくらい外国人観光客が押し寄せていた。もちろん、年間4000万人を目指すという目標を掲げることはいいが、その中身や現状をもっと精査しておくべきだった。

私たちには、2011年3月11日に発生した東日本大震災の際の福島第一原子力発電所事故という、「想定外」が生み出した最悪の経験をすでにしている。これ以上、同じ失敗を繰り返してはいけないのではないか。


さらに、新型コロナウイルスの感染拡大で排外主義の動きが強まることも懸念される。

観光庁によると、新型コロナウイルスの影響が本格化した2020年2月の中国人の訪日観光客数は、前年同月比約9割減の8万7200人と激減している。

人の交流が減るということは、デマや偏見がはびこりやすくなるということだ。ネットの一部ではすでに「中国人は病気を持ち込むから、一律に入国禁止にせよ」といった主張も出てきている。しかし、一度進んだグローバル化の流れを完全に戻すことはできない。

今後日本でも多数の患者が出た場合、日本人が他の国で感染を広げてしまう事態も十分に考えられる。日本発のウイルスや伝染病が出てくる可能性もある。「お互い様」であると考えるべきだろう。

いくら空港などで「水際対策」を強化したところで、その発想自体が、国家間の人の往来が限られていた時代のものだ。膨大な数の人が日々世界中の国を行き来する現代においては、今回の新型コロナのように強力な感染症を完全に食い止めるのは不可能と言っていい。

新型コロナの感染拡大を機に、日本でも改めて、防疫に必要な法整備や人材育成、そしてグローバル時代に即した伝染病対応策のシミュレーションを行ってゆく必要がある。

今回の新型コロナの感染拡大で、マスクに続き、トイレットペーパーや食料の買い占めが相次いだ。いかに人間が科学的根拠や理性に従って判断することが難しいかを私だけでなく皆さんも再確認させられたと思う。

2010年代に普及したスマートフォンの影響もあり、SNSなどが不安を拡大させてしまっている面は確実にあるだろう。

メディアも褒められたものではない。特にテレビは根拠の薄いデマや、感染拡大防止にあたる現場の士気や作業の支障となる的外れな批判を垂れ流した。地方などではテレビの影響は根強く、これでパニックに陥った人も多いだろう。

筆者は、今回のような危機の時にこそ、その人間や社会の本質が見えるように思う。最後の最後まで辛抱強く冷静であり続けること。それにはきちんとした知識や分析が欠かせない。私の本がその一助となれば幸いである。

この本を編集してくださった草下さんとは、たまたまフラッと立ち寄った飲み会の席で一緒になったことがご縁だった。

新聞やテレビなどの記者クラブメディアがいかにジャーナリズムをつまらなくしているか。そして、それを支えている日本社会自体が規制まみれで心底うんざりしているか。そういう私の怒りに共感していただき、草下さんは「一緒に本を作りましょう」と執筆を薦めて下さった。この場を借りて改めて深く感謝申し上げたい。

草下さんとはこれからも一緒に世の中にクサビを打ち込むような仕事をしたいと思っている。そういう意味で、この本は小さな、しかし、将来日本社会が少しでも自由で面白くなるための、言論クーデターの一歩なのである。

【イラスト】
イチゴ…MorePics/iStock
ブドウ…dimonspace/iStock
ナマコ…Alhontess/iStock
豚…mushroomstore/iStock
うなぎ…antiqueimgnet
牛…nicoolay/iStock
錦鯉…SamHi/iStock
くじら…channarongsds/iStock
メガホン…Roman1979/iStock
サツマイモ…Epine/shutterstock.com
マグロ…IADA/shutterstock.com
サンマ…The Fisherman/shutterstock.com

【著者略歴】
松岡久蔵（まつおか・きゅうぞう）
ジャーナリスト。マスコミの経営問題や雇用、防衛、農林水産業など幅広い分野をカバー。「現代ビジネス」「東洋経済オンライン」「ビジネスジャーナル」などに寄稿。Youtube でアニメニュースチャンネル「ぶっ飛び！松Qジャーナル」も運営している。

※本書は、講談社のネットメディア「現代ビジネス」の連載記事をもとに大幅に加筆修正し書きおろしを加えたたものです

日本が食われる
いま、日本と中国の「食」で起こっていること

2020 年 7 月 22 日第一刷

著　者　　松岡久蔵

発行人　　山田有司

発行所　　株式会社　彩図社
東京都豊島区南大塚 3-24-4
MTビル　〒170-0005
TEL：03-5985-8213　FAX：03-5985-8224

印刷所　　シナノ印刷株式会社

URL：https://www.saiz.co.jp
https://twitter.com/saiz_sha

 ISBN978-4-8013-0458-1 C0095
落丁・乱丁本は小社宛にお送りください。送料小社負担にて、お取り替えいたします。
定価はカバーに表示してあります。